> 東大の先生!

文系の私に超わかりやすく数学を教えてください!

東京大学教授 **西成活裕**
聞き手 **郷 和貴**

はじめに

東京大学先端科学技術研究センター。
通称「先端研」。
従来の学術テーマの枠に収まらない最先端領域の研究テーマを持つユニークな教授たちが世界中から集められ、駒場キャンパスから少し離れた広大なキャンパスで日々最先端の研究を行っている。

しかし……。
正直、ライターを生業とする文系の僕にとっては無縁とも言えるような場所だ。中学のとき「数学」につまずいて苦手意識が生まれ、ズルズルと引きずって、ついには高校の微積分のテストで0点を取ってしまった。それがトラウマとなって文学部に進んだ僕みたいな「消極的な理由で文系になった分際」だと、足を踏み入れるのも気が引ける。

ところが、そんなある日、

数学アレルギー、治したくありませんか？
治したいですよね？
治しましょう!!!

同じように「数学アレルギー」を抱える文系編集者に声をかけられ、半ば引きずられるようにして取材に行くことになった。

聞くと、渋滞が起きるメカニズムを数学的に解き明かす「渋滞学」という学問を自ら確立された西成活裕先生という応用数学のカリスマ教授が、**直々に**しかも**超わかりやすく数学を教えてくれる**というのだ。

マジっすか……。

　僕は「数学アレルギー」をこじらせて、今まで数学をできるだけ避けてきた人間だ。教科書を買えば学び直しはできるはずだけど、そんな気持ちにもならなかった。
　でも一方で、普段仕事で経営者や経済学者の話を聞くときに、自分の数学的知識の欠如を嘆く場面もよくあるし、まだ小さい僕の娘にはしっかり理系の知識を身に付けさせたいと思っている。……思ってはいるけど、正直、将来宿題を手伝える自信もない。

　あれ？ いや待てよ。ひょっとして……、これって**数学コンプレックスを解消できる千載一遇のチャンス**なんじゃ……？

　重い足取りで駒場東大前駅からトボトボ歩いていたのだが、次第に前向きな気持ちに変わってきた。
　考えてみると、僕が「数学アレルギー」を解消できる機会なんて、もう二度と来ないような気がする。
　そうだ、今しかない……‼
　こうして「大人の数学学び直し授業」は、先生の研究室「西成総研」で始まった。

　結論から言おう。
　文系30年の僕でも、中学数学は難なく理解できた。
　今なら、娘にも数学を教えられる自信がある。

　さらに、僕が一番知りたかった**「なぜ数学という学問が大事なのか？」もよくわかった**し、さらに驚くべきことに、高校生のときの僕が完全に諦めていた**微分・積分の基本まで理解**できてしまった……！

すごくないですか？

しかもそれらを延べ5、6時間でカバーしたのだ。
　短時間で30年分のコンプレックスを一気に払拭できたわけで、うれしい半面、何だよ中高生のときにこういうことを知りたかったな〜と思わずにはいられない。

　仕事で数学が必要な方、「数学って何で必要なの？」と疑問に感じている方、僕のように子どもに数学を教える自信のない方、中学・高校で本格的に「数学アレルギー」を感じてしまった方は、まず読んでみてほしい。
　数学の必要性が身に染みてわかるし、最速・最短で数学をやり直すことで、深い理解が得られるはずだ。

　僕と同じ文系一直線で、数字を見るのもツライみなさん！　一刻も早く、「西成総研」のトビラを開いてみてください。

人生で初めて数学が理解できた気がする
郷 和貴

本書の特徴

本書は「数学が苦手で仕方なかった」という大人に向けて書かれた、「サクッと数学をやり直すための本」です。

通常、学生は、数学のゴールも見えないまま数十もの単元を1つひとつクリアしていきますが、本書は「時間のない大人のための本」ですので、数学を3つのカテゴリーに分け、それぞれの最終ゴール（ラスボス）を定め、そこに最短ルートでたどり着けるよう構成しました。

Nishinari LABO

Contents

東大の先生!
文系の私に超わかりやすく
数学を教えてください!

はじめに ……… 3
登場人物紹介 ……… 16

1日目 なぜ、私たちは数学を勉強するのか？

1時間目 数学って、人生の役に立つの？ ……… 18

「役に立たない」ではなく、
「役立てようとしていない」だけ ……… 18
さっそく身近な問題を解決してみよう！ ……… 19
数学の原点は「測りたい」という欲求にアリ！ ……… 22
「誰が聞いても同じ情報」に伝えるための秘策 ……… 25
数学は実社会で超応用の利く学問 ……… 28
たくさんの巨人の知恵を借りて、
一足飛びに答えにたどり着く ……… 30

COLUMN 私の「理系」エピソード 西成少年の趣味 ……… 33

2時間目 数学で現実の問題に立ち向かえ！ ……… 34

文系も実は「ロジック」を使いこなしている!? ……… 34
頭のよさの正体は「思考体力」 ……… 37

思考体力で前代未聞の問題に立ち向かう ……… 40
これからの時代に必要な思考体力が、
中学数学でまるっと鍛えられる！ ……… 43
AIに任せていたら、「AIに使われる側」に回る？ ……… 44

2日目 中学数学を最速・最短で学ぶ！

1時間目 数学の世界は3つに分かれている ……… 48

数学は大きく「数や式」「グラフ」「図形」に
分けられる ……… 48
これさえ押さえておけばOK！な数学最強の武器 ……… 49
社会人に必要な数学的思考は
中学数学で養われる ……… 51
最短ルートは、ゴールから逆算すればいい ……… 54
3年分の教科書、必要なのはたったの5分の1？ ……… 57
COLUMN 東大の先生、料理を語る。 ……… 59

2時間目 中学数学で体験する超重要な考え方 ……… 60

「わからないものは、わからない！」と
開き直った正体が「x」 ……… 60
式を立てれば、世界が変わる！ ……… 63

3日目 いきなり！中学数学の頂点「二次方程式」をマスターする!!

1時間目 日常の困りごとを数学で解決しよう！ …… 66
中学数学のラスボス二次方程式を倒す！ …… 66
カワイイ猫のために式を立ててみる …… 67

2時間目 中1 代数の便利アイテム「負の数」をゲットせよ！ …… 72
難しい式を超簡単にする「かたまり」の術 …… 72
現実にはない「負の数」が、現実世界に役立つ!? …… 77
引き算の記号と「負の数」は別物 …… 79
再び「かたまり」のマジックで解け！ …… 81

COLUMN 私の「理系」エピソード 日が暮れる …… 85
私の「文系」エピソード 九九の計算 …… 85

3時間目 **中2** 「負のかけ算」と「平方根」がラスボスを倒す武器 ………… 86

二次方程式の「二次」とは「かける回数」 ………… 86
「負の数同士をかけると正の数になる」という
謎のルール ………… 89
強力アイテム「分配法則」をゲットする！ ………… 92
「決まりごと」は、
英語の文法を覚えるようなもの ………… 95
オトナの事情で生まれた「平方根」 ………… 98
便利なものをガンガン使ってゴールに近付く ………… 102

> 教授のつぶやき　学校の数学が大幅に変わる！ ………… 109

4時間目 **中3** ズレを極めて、中学数学のラスボスを撃破！ ………… 110

「両ズレ」「片ズレ」の法則 ………… 110
「同じ数のズレ」にすると、
方程式がカンタンになる！ ………… 115
「同じ数のズレ」の式に変形してみよう！ ………… 117
改めて、猫の扉を設計しよう！ ………… 123
番外編！「解の公式」は覚えなくてOK ………… 125

> 教授のつぶやき　マニア垂涎のn次方程式が、
> ビッグデータに生かされている ………… 129

5時間目 カンタンだけど、限定的。因数分解による二次方程式の解き方 ………… 130

現実世界ではめったにお目にかかれない
「因数分解で解く二次方程式」 ………… 130

ラスボスの二次方程式を倒す
3つの方法をおさらい ……… 140

　　教授のつぶやき　映画づくりにも使える因数分解 ……… 144

4日目 サクッと理解！中学数学の「関数」をマスターする!!

1時間目 関数って、そもそも何……？ ……… 146

微分積分を使うのが本来の「解析」 ……… 146
暴飲暴食したときの体重をグラフで表してみる ……… 147
方程式と関数の違いがわかりますか？ ……… 151
グラフの線は「変化」を表す ……… 153

　　教授のつぶやき　今が旬！のデータサイエンティストが学ぶ
　　　　　　　　　「統計・確率」 ……… 157

2時間目 二次関数の世界へようこそ ……… 158

100年後にはいくらになる？
金利の計算をしよう ……… 158
複雑な曲線でも二次関数で表現できる ……… 162

高校で習う二次関数を先取り! ……… 164
二次方程式に2つ答えがある理由が
「目で見て」わかる! ……… 169

3時間目 反比例は「比例の反対」じゃない!? ……… 172

ちょっと変な関数「反比例」 ……… 172
「反比例」はトレードオフの関係にある ……… 175

> 教授のつぶやき　自然界は二次関数であふれている ……… 178

5日目 余裕で!中学数学の「図形」をマスターする!!

1時間目 「三角形」と「丸」がわかれば図形はクリア♪ ……… 180

世の中は三角形と丸であふれている ……… 180
猫のおうちをつくるため、
ピタゴラスに助けてもらおう! ……… 182
ピタゴラスの定理の証明はたくさんある ……… 186

2時間目 ピタゴラスの定理の証明① 「組み合わせ」を使ってみよう ……… 188

組み合わせると見えてくるもの……？ ……… 188
錯角、同位角、対頂角という3つの武器 ……… 191

COLUMN 私の「理系」エピソード
少年の名は「ピタゴラス君」 ……… 197

3時間目 ピタゴラスの定理の証明② 「相似」を使ってみよう ……… 198

「似ている」にも定義がある ……… 198
ミニ三角形を探せ！ ……… 200
補助線を使い倒そう ……… 208
建築・測量に欠かせない相似 ……… 210

4時間目 ピタゴラスの定理の証明③ 「円の性質」を使ってみよう ……… 212

キレイに決まって感動する！「円周角の定理」 ……… 212
そっくりな三角形がわかる！「方べきの定理」 ……… 221
相似を使った証明を見ていこう ……… 223

COLUMN 私の「文系」エピソード 文系をこじらせて ……… 231

HR ホームルーム 中学数学を攻略！ ……… 232

ついに感動のフィナーレ？ ……… 232

6日目 〈特別授業〉数学の最高峰「微分・積分」を体験してみる!!

1時間目 小学生でもわかる「微分・積分」 ……… 238

トヨタの製造現場の「改善」は微分の考えそのもの!? ……… 238
髪の毛1本で、微分・積分がわかる ……… 240
細かく分けるほど、はっきりと見えてくる問題点 ……… 242
微分・積分のニーズって何? ……… 244
微分の式を見てみよう! ……… 247
積分の式を見てみよう! ……… 248
アルキメデスが見つけた奇跡の法則 ……… 250
微分は中学数学で解ける ……… 252
微分をサクッと解いてみる ……… 255
中学、高校数学のボスキャラを見事撃破!! ……… 259

おわりに ……… 262

本文デザイン&DTP:高橋明香(おかっぱ製作所)
校正:Fun Study Production、ぷれす
イラスト:meppelstatt

登場人物紹介

教える人
西成活裕先生
（にしなりかつひろ）
東京大学先端科学技術研究センター教授

42歳という若さで東大教授になった超エリートなのに、「子どもにも、学生にも、主婦にも、数学を好きになってほしい！」と草の根的に「数学の迷い子たち」を救っているスゴイ人。趣味はオペラ（CDも出している）。

教わる人
私（郷和貴）
（ごうかずき）
物書きを生業（なりわい）としている生粋の文系人間

中学時代に数学につまずき、高校の微積分のテストで0点を取ったことで、理系の道を完全に断ってしまった。以来、数学の「す」の字も見ていない。
愛する娘に、数学を教えてあげられるようになりたい一心で今回の仕事をOKすることに。

担当編集者
「数学アレルギーを治したい！」という自分の悩みを解決したいがため、私を巻き込んだ張本人。

1日目

なぜ、私たちは数学を勉強するのか？

Nishinari LABO

数学って、人生の役に立つの?

文系人間が数学をサボるための口実は、「数学って、将来、何の役に立つのかわからない」だったのではないでしょうか。まずは「数学は本当に、生活に役立つのか?」という疑問を解消していきましょう。

➡ 「役に立たない」ではなく、「役立てようとしていない」だけ

 西成総研へようこそ!

 先生、よろしくお願いします。何か、すみません。私みたいな「文系人間」が生徒で……。

 いえいえ。私の目標は、1人でも多くの方に数学に興味を持ってもらうことなので、説明するなら、数学に苦手意識のある文系の方を対象にしたほうが、むしろわかりやすくなるんですよ。

 安心しました。じゃあ、せっかくなので、いきなりド直球を……

数学って何のために勉強するんですか?

ネットを調べてみたんですが、「実生活では役に立たない」という回答がほとんど。
私も日常生活で方程式を解くことなんて、まずないんですよね……。

数学の知識がなくても生きていけることは確かです。ただ、回答としては**少しだけ雑**かなぁ。

 雑……？

 「役に立たない」と言っている人が「役立てられていない」だけで、数学を応用できる場面はいっぱいあります。
そもそも**数学の大きな目的の1つは、世の中の課題を解決すること**ですから。

 課題の解決……何だか難しそうですね（ソワソワ）。

 まだ帰らないでください（笑）。人間って「ベストな方法はないかな？」「もっと効率よくやりたいな」といった欲求が絶対にあるじゃないですか。**数学はそうした日常の「困りごと」をクリアするために進化**してきたワケです。

⇨ さっそく身近な問題を解決してみよう！

 でも、数学を使っている人って、理系の研究者とか、金融機関でリスク計算をしている人とか、ものづくりをしている人とか、「ものすごい専門家」というイメージが強いんですけど……。

私たちが日常生活で直面する課題も、小中高の算数・数学で解けたりするんですか？

解けますよ。
たとえばそうですね……、
お子さんはいますか？

1歳の娘がいます。

たとえば、哺乳瓶の消毒液をつくらないといけないときに、ネットで調べたら「1000mlの水に対して1％の次亜塩素酸ナトリウム水溶液を12.5ml入れなさい」と書いてあるとしましょう。

うー……（絶句）。

娘さんがそろそろお腹を減らしそうなのに、消毒した哺乳瓶がないんですから、がんばって！（笑）
家庭にある次亜塩素酸ナトリウム水溶液と言えば、塩素系台所用漂白剤が代表的ですが、ボトルを見たら6％の水溶液だと書いてある。水は2000ml用意しました。
じゃあ入れるべき漂白剤の量は？

消毒液の条件
1000mlの水に
1％の漂白剤を
12.5ml

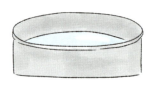
2000mlの水

6％の漂白剤

哺乳瓶の消毒剤を**アマゾンで探してポチります！**

そういう選択肢もありますが……。

あっ！これが**「役立てられていない」**ってことか！

そうなんです（気付いてくれてよかった……）。
たしかに計算しなくても世の中には代替策があるので、数学を使わなくてもいいケースがほとんどです。でも、たとえば、東日本大震災のときにも流通が止まりましたけど、そのとき自宅に台所用漂白剤しかなかったら……？　数学の知識で、いろんな状況に対処できますよね。

問題に戻ると、水が2倍になったワケですから、濃度を保つためには、1%の水溶液も2倍の25ml必要だということはわかりますよね。

のとき 必要だから……

1000mlの水　　1%の漂白剤が12.5ml

のときには が必要

2000mlの水　　　　　　　1%の漂白剤が25ml

でも手元にある漂白剤は6%なので、そのまま25ml入れると6倍も濃くなってしまいます。

じゃあどうするかと言うと、25mlを6で割ってしまえばいい。すると25÷6だから……「4mlと少しになるだろうな」とわかります。

別に方程式にしなくても、小学生の算数で解けるんです。

1%の漂白剤が
25ml必要なのに

6%の漂白剤が
25ml手元にあったら

$\frac{1}{6}$の量にすればいい!
25÷6=4.16...ml

大体4ml

おおっ、意外と簡単。しかもそれで**お金が節約できる！**

今の話って数学の知識やセンスというより、**「実生活の課題を、数学で解こうという発想が出てこない」**ことがネックなワケですよね。

うう……何も反論できません。おっしゃる通りです。

数学を役立てている人と役立てていない人の違いは、そこだけなんですよ。

⇨ 数学の原点は「測りたい」という欲求にアリ！

そもそも何のために数学はあるのか？　これはかなり深い問いなんですけど、これについては数学の起源をたどったほうがわかりやすいかもしれません。

私、近代数学の父と言われるドイツ人数学者、ガウスが暮らし

ていた街に行ったことがあるんです。

ガウス？ ピップエレキバンとかの……。

カール・フリードリヒ・ガウス
（1777-1855）

そうそう。彼は物理学者でもあって彼の名前が「磁束密度」という「磁気の強さの単位」にもなっています。彼が住んでいた街には小さな山がありました。きっと彼も登ったはずです。私も行ってみたんですが、山を登り切ったとき、何を感じたか想像が付きますか……？

あー、ビール飲みたい。

それもありますが（笑）、「私の視界に入ったもの」がヒントです。

ドイツの山って言われてもなぁ……。なんかドイツってひたすら平らで森しかないイメージがあるので……。

そう！ドイツってほとんど平地なので、山があると目立つんですよ。答えは、だだっ広い平地の遠く離れたところに山が見えて、**「あの山までの距離を測りたい！」** と思ったこと。

いやいやいや、**フツーそんなこと思います？（笑）**

1日目 なぜ、私たちは数学を勉強するのか？

実際にあの場に立ったらみんな感じるんじゃないかな。
実は彼、いろいろな功績を残しているんですが、その集大成の1つが「微分幾何学」。彼がつくった理論なんですが、簡単に言うと「曲面など図形の曲がり具合の本質を捉えた学問」のこと。たとえば、丸みを帯びた三次元の面を、紙のような二次元の世界で表す方法などを確立したんです。

三次元を、二次元に？

地図ですよ、地図。
地球って本来は丸いのに、私たちが目にする地図は、地球儀を除けば平面ですよね。グーグルマップも、カーナビも、紙の地図帳も。

でも不思議じゃないですか？ 曲がっている丸い地球の表面をA地点からB地点まで実際に移動する距離と、定規を使って平面の地図上で測った距離とが一致するんですよ？

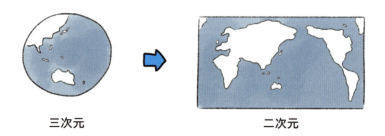

三次元　　　　　　　　　二次元

たしかに。丸みを帯びている分、距離が少し長くなりそうです。

その変換のロジックを、彼はきちんと考えました。だからこそ、近代数学の父でもあり、幾何学の父でもあり、測量の父でもあり、地図の父でもある、と。

よくわからないですけど、天才だということはわかります（笑）。

思うに、あの日私が見た遠くの山を、ガウスも時々眺めながら、「あの山までの距離を知りたい！」と思ったに違いない。
その測量への思いがあったからこそ数学の世界にのめり込み、幾何学への情熱が失せなかったのではないかと勝手に想像しています。

めっちゃええ話や……。

⇨「誰が聞いても同じ情報」に伝えるための秘策

ここで想像力を膨らませてもっと時代を遡（さかのぼ）ってみると、「何かの長さを知りたい」「広さを知りたい」「体積を知りたい」というのは、どんな人間にもある根源的な欲求だと思うんです。
感覚値ではなく、より正確な数字として把握したいのではないかと。

感覚は人によってバラバラですもんね。

でしょう？
たとえばカーナビが「**もうちょっとで右に曲がってください**」と言うとか、テレビで「明日は**ちょっと**冷え込みます」って天気予報が出るとか、洋服のサイズ表示に「**ちょっと体格のいい人向け**」なんて書いてあったりしても困りますよね。

「ちょっと」って何だよ！って思います（笑）。

そうなんです。「ちょっと」というものは感覚値なので、人によって変わってきます。……ということは、**感覚で伝えてしまうと、コミュニケーションミスが起きやすくなりますよね。**

たとえば、古代の人が家をつくるとしましょう。まずは木を切り出さないといけませんが、どのくらいの長さの丸太が必要なのか知りたいですよね。
そのときに「Aさんの身長よりちょっと長めにしよう！」と決めて、感覚値のまま村人総出で木を切ってしまったら……？
長さがバラバラになってしまうような気がしませんか？

Aさん

たしかに……。

あるいはお皿がほしくて、隣の人に「ちょっと木でお皿をつくってくれない？」と頼んだとします。「いいよー、どれくらいの大きさ？」と聞かれ「そうねぇ……手のひら2つ分くらいかな」みたいな指示を出すと、**手の大きい人と小さい人では、お皿の大きさがまるで違ってしまう。**

手の大きさによって　　　　　　できるお皿の大きさが違う

あ、そうか！**数字を使うと、正確に伝えられる**ということですね。

そうです。「同じものをつくれるようになる」という意味では、**再現性がある**し、「誰が見ても同じ」という意味では、**客観性が出てくる**。
ここがポイントなんですけど、客観的であるからこそ過去の人が考えた「法則」、つまり「課題解決の手順」が代々受け継がれていって、数学という学問が発展し、そこからさまざまなテクノロジーに応用されていったんです。
数学がなかったら、家も車もテレビもスマホもつくれません。

感覚値だけでカバーするのは、限界があるってことかぁ。

物事が複雑になるほど限界があります。そういう意味では、私は**数学の起源は測量とか建築にある**と思います。数学用語で言えば「**幾何学**」。つまり、図形のこと。「どうしたら測れるか？」「どうしたらつくれるか？」という切実な思いから、数学は始まっていったと思うんですよ。

ローン返済の計算から入ったとは思えませんもんね（笑）。

ですね（笑）。
そういった図形にまつわるニーズが最初にあって、そのたびにその時代の頭のいい人が**「しゃーねぇな。いっちょ考えるか」**と必死に考えて、三角形の性質を調べたり、「面積×高さ」が体積であるということを定義したり、円周率というものを定義したりしていったんじゃないかな。

🡪 数学は実社会で超応用の利く学問

なるほど……。それで、数学がいろんな分野でも応用されていったワケですね。

物理学や化学、天文学などのことを「自然科学」と言いますよね。自然を扱うから自然科学。
でもこの定義は結構あいまいで、「数学は抽象的な学問だから自然科学には含まない」と言う人もいるんです。
コレとんでもない話で、私は**数学こそ自然科学の超基本であり、土台**だと思っています。だって数学がなかったら、自然を観測することなんてできないんですよ！

天文学も数学？？？

思いっ切り数学ですよ。
この授業で図形の「相似」というものをやりますが、相似がないと星の位置は測れません。

でも今の時代を生きる私たちは、**数学が私たちの文明を下支えしている**という当たり前のことをどうしても忘れがちなんですね。

さっき震災の話をされていましたが、数学があると**津波の高さ**も計算できるんですか?

できますよ。私の専門の１つに**「ソリトン理論」**という波の動きを計算する特殊な数学の分野があります。
国交省はこの理論をもとに津波の計算をしていて、「このエリアは防潮堤(ぼうちょうてい)の高さをこのくらいにしないといけない」という数字を弾き出し、実際、東北地方に今**とんでもなく巨大な防潮堤を建てている**。

高すぎて**「壁しか見えないんだけど……」**みたいな(笑)。

そうそう(笑)。**安全面から見ると正解でも、景観的には不正解かもしれない。**
そういう意味で、世の中の問題は数学だけですべて解決できるワケではないですが、**少なくとも「ここまでだったら大丈夫」という客観的な基準値は、数学じゃないと出せません。**

採用するか決めるのは人間だけど、１つの基準は提示できる。

あ、そうだ！ 実用性と言えば、20年くらい前にソリトン理論を使って、私が開発のお手伝いをしたプリンターもあります。
左右にガチャガチャ動くプリンターの印字部分のバタつきを最小限にするためにソリトン理論を使ったんですよ。

へーーーー（×3）。すごい！

こんな風に、世の中のためにがんばって難しい研究とか計算をしている人が実はたくさんいるワケですが、裏方なので知られていない。でも**数学をマスターすれば、そんな世界が見えてくる**んです。

急に世界が広がる感じですか？

「世の中の原理原則って、客観的に捉えていくことができるんだ！」みたいな感動体験。絶対に楽しいと思うんですよね。

▶ たくさんの巨人の知恵を借りて、一足飛びに答えにたどり着く

重要性はわかったんですけど……やっぱり、イチから学ぶのは気が重いですねぇ。根っからの文系なもので（笑）。

大丈夫ですよ。昔のエライ人たちは、私たちに財産を残してくれていますから。
私の好きな言葉で**「Stand on the shoulders of giants.（巨人の肩の上に立つ）」**というのがあります。
コレ、万有引力を見つけたことで有名なアイザック・ニュートンの言葉でね、「なぜあなたはこんなにすごいことを発見できた

んですか？」って聞かれたときに、ニュートンは**「僕は巨人の肩の上に立っていたから遠くを見通せただけだ。僕がすごいんじゃなくて、昔の人たちがすごいんだ」**と答えたんですよ。

なんて謙虚な……！**僕なら超自慢するけどな〜（笑）。**

過去のエライ人たちの天才的な閃きや努力で人類はどんどん新しいことを学び、発見してきた。**「人類の叡智とは積み上げである」**ということですね。

私が子どもだった三十数年前と比べても社会は本当に便利になっていて、スマホで何でもできてしまうし、自動で掃除をしてくれるロボットもいるし、自動運転無人タクシーなんかもできつつあります。
だからと言って、現代人がすごいワケじゃないってことか……。

昔の人たちががんばってくれたおかげで今の快適な社会があるんだということを、忘れてはいけません。
第一、毎回イチから学んでいたらキリがない。文明がいつまでたっても進歩しません。

だったら、昔の人たちが発見してくれたものをありがたく学び、**よりゴールに近いスタートラインに立って、複雑な課題を自分たちの時代で解決していく。**

私たち人間はそういう一種の「叡智のバトン」を受け継いできているんです。それが、人間の強みでもある（満面の笑み）。

偉人からのバトンを受け取る行為が「勉強」であって、そのバトンを使って新たな課題解決に挑戦することが「研究」や「開発」や「思考」ということですか？
つまり……恥ずかしがらずに、**堂々とショートカットしろ**ってことですか？

それはもう**堂々とやってください**（笑）。
中学数学で習う二次方程式もピタゴラスの定理も、「とりあえず巨人の肩に乗るか？」ってことでササッと使ってしまえと。

おお……！ **便利なものはまず使え**と。**立ってるものは親でも使え**って言いますしね。

ちょっと違う気が……。

LESSON 2 数学で現実の問題に立ち向かえ！

1日目 2時間目

「理系＝頭がよさそう」というイメージはありませんか？「頭がいい」とはどういうことか？ 数学がなぜ、「頭をよくする」のか？ 数学の問題で鍛えられる「思考体力」について教えてもらいます。

⇨ 文系も実は「ロジック」を使いこなしている!?

 数学が本来、生活に根ざした学問であることはわかったんですけど、僕とにかく暗算が苦手で。商談とかでパパッと計算できる人を見るたびに、数学をサボったことを超後悔するんですよ……。

 いやいや。暗算と数学はまったく関係ないですよ。

 え、関係ないんですか？

 だって私の知っている数学者なんて、割り勘の計算でモタモタしますもん（笑）。

「お前、数学者だろ。しかも代数（※数や式）が専門の！」って みんな笑って突っ込むんですけど、「いや、俺は n 次元は得意だけど一次元、二次元は弱いんだ」とか言い訳するんです。

超意外！ 使う脳の場所が違うんですかね？

違います。 と言うか、**暗算が速いのは一種の特殊能力で、速く解くコツをつかんでいるだけですもん。**
たとえば、そろばんを習っていた人は頭の中のそろばんを弾くから暗算が速いし、毎日会社の数字を見ている人なら大きな金額をパッと見てすぐに「1000万円か」ってわかる。

あー、たしかに！

コツを知っているから難しい問題を解けるのかと言うと、そんなことはありません。
パパパッっと計算して答えを出すみたいな思考を数学者がしていると、絶対どこかでミスをするんです。
むしろ、石橋を叩いて渡る人のほうが数学者としては成功しますね。

数学に重要なのは、「計算の速さ」ではなく「緻密さ」。

そう。数学に大事なのは、「じっくり考えるスローな思考」です。

1つひとつ吟味して、言葉を選ぶみたいなことかぁ。
「このひと言で相手がどう反応するだろうか？」とか「ここでイエスと言う根拠はあるのか？」みたいなことを、じっくり考えるということですね。

私が仕事で文章を書くときも同じなので、よくわかります。

一緒ですよ。
日本語も数学も、ベースはロジックですから。
「おはようございます」という挨拶1つ取ってもそう。
頭の中で「午前10時だけどギリギリ朝だよな」とか「この人は目上の人だから『ございます』を付けないと、心象が悪いよな」って考えるワケですよね。
それだってロジックから導き出している。

そう言えば、大学入試も、内容がガラリと変わると聞きました。知識の丸暗記よりも、思考力や判断力、表現力を重視して記述式の問題が増えるみたいですよね。

そうなんです。だから、**「公式を覚えること」よりも、意味を理解して、「論理的に考えること」のほうがこれからは大事**なんですよ。

「文系だから、ロジックは苦手で……」と言う人がいるんですけど、**論理を「言葉（自然言語）」で書いたのが国語であって、「記号」で書いたのが数学**というだけ。
数学の授業で習う「公式」って、感覚としては「言語」を学ん

でいるのと同じなんです。

なるほど〜。
文系でも理系でも、説明の根底にあるロジックは共通していて、違うのは**「どの言語を使うか」**ってことだけなんですね！

⇨ 頭のよさの正体は「思考体力」

ただ、**数学が得意な人って「頭がいい」**っていうイメージがあるんですよねえ。

なるほどね。
そもそも「頭がいい」ってどういうことだと思いますか？

うーん……（しばし考える）。やっぱり**「論理的思考力」に長けている**イメージかなぁ。

でもね、論理的思考力は文系でも、ある人はありますよ。ただ、数学をがんばってくると、身に付きやすいだけで。
もっと根本的なことを言ってしまうと、**「論理的思考力」って何ですかね？** わかるようでわからなくないですか？

うっ、たしかに……。

私は**「思考体力」**って言葉をよく使うんですけど、**「頭がいい」＝「思考体力がある」**と考えています。

私はその思考体力を、こんな風に6つの力に分類しているんですが……、

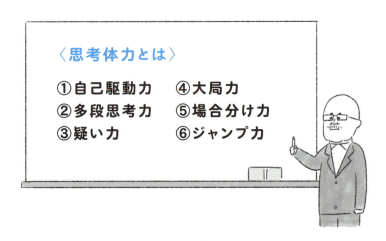

へえぇ。「頭のよさ」はこれらの総合力だということですか？

そう。だから「頭がいい」とひと口に言っても、実はこんなに種類があるんです。
こうした力を満遍なく持っている人ほど、複雑な課題を解決できる人だと思います。

そうか……ってことは、**数学って、思考体力が鍛えられる**ってことですか？

そうですね。
特に数学の場合は②の「多段思考力」がガンガン鍛えられます。
多段思考力とは「AならB、BならC、CならD……」と、思考した結果をどんどん積み上げながら、答えが見つかるまで何段も諦めずに考え続ける力のこと。

普通の人って、日常生活だとせいぜい2段とか3段くらいまで考えてそこで思考を止めるんですけど、**数学だと平気で10段とか15段とか上る**必要があるんです。

多段思考力は、複雑な問題を解決するときに絶対に欠かせないものです。

 これって「論理的思考力」と近い話ですよね。

 そうですね。「彼は論理的だ」と言うのは「彼は論理の積み上げができる」という意味でもあるので。
数学をがんばれば多段思考力が鍛えられるので、国語の読解力も間違いなく上がりますよ。

 「論理」という点で、密接に関わっているのかぁ!!! じゃあ、さっき僕が「アマゾンでポチる」と言ったのは……。

 ……正直、1段くらいかな……（小声）。

🡆 思考体力で前代未聞の問題に立ち向かう

 これら6つの思考体力について、それぞれ説明していきますね。

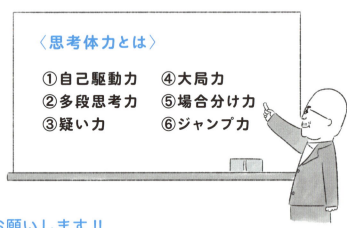

〈思考体力とは〉

① 自己駆動力　④ 大局力
② 多段思考力　⑤ 場合分け力
③ 疑い力　　　⑥ ジャンプ力

 お願いします!!

 「①自己駆動力」は、いわば思考のエンジン。
人は「知りたい」「解決したい」という思いが強いほど、がんばって考えますよね。「別に知らなくてもいいかな」という気持ちだと深くは考えません。

 私も普段、自分が興味のあるテーマについて書くときは、いつも以上に頭を使う気がします。

 絶対そうなるんですよ。
だから、いきなり授業に入るんじゃなくて、「数学って何のために勉強するのか？」みたいな目的をまず見せて、生徒たちが「ちょっとやってみようかな」と感じて自発的に始めてもらうことが大事。

数学が苦手な人って、私も含めて「自分ごと」になっていないんですよね〜。

「自分ごと」にするためには、自分が興味のあることをきっかけにして数学に入ったらいいワケですよ。**ゲームでもアイドルでもスポーツでもドローンでも。**
そこを数学につなげていくには、周囲の大人の援助が必要になりますけど。
野球好きの子に、「外野フライが飛んできたとき、ボールの落下位置は二次関数でわかるんだよ」と教えるとかね。

どう考えても、その入り方が理想的だなぁ。やる気が全然変わりそう。

それは、間違いありません！で、次の**「②多段思考力」**は、さっき言いましたが、**粘り強く考え続ける力**のこと。

思考のスタミナみたいなものですね。

そうそう。集中力、もしくは気合いと根性がある人は有利ですが、中学数学でも真面目にがんばれば鍛えられますから。

「③疑い力」とは、「自分の導いた答えは本当に正しいのか？」とか、「自分の解釈は本当に正しいのか？」と**自分の判断や答えを疑う力**。頭の片隅に常に「冷静な自分」がいることで、計算ミスなどが一気に減ります。

この力って大人になっても使えそうですね。
そもそも自分が解こうとしている課題は解く価値があるのか？ とか、会社で慣習になっていることが時代に合っているのか？ とか考える必要があるので……かなり普遍的な力だなぁ。

次の「④大局力」は、**空飛ぶ鳥の目線のように、物事全体を俯瞰して眺められる力**のこと。
大局から見るクセがあれば、大事なことを見落とす可能性が減ります。
たとえば、夏休みの宿題をできないのは大局力のない子。目の前の遊びに意識を取られて最後の3日間で泣くワケです。

またしても、僕のことですか……（涙）。え、でも、この力って数学の問題を解くときにも必要ですか？

もちろん。私も多段思考で10段くらい上っていると、たまに「あれ？ 俺って何で必死になってこんなことしているんだっけ？」と思うことがあります（笑）。
そんなときにちゃんと目的（全体像）を思い出させてくれるのも大局力です。

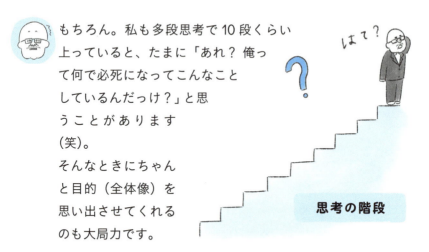
思考の階段

なるほど……先生でも見失うことがあるんですね！（嬉しそう）

ゴホン……次の「⑤場合分け力」は、複雑な課題で選択肢がいっぱいあるときに、正しく評価する力のこと。数学だと何か問題があって、それをどの数学のツールを使うと早く解けそうかと判断するような場合に使います。

「⑥ジャンプ力」は、「閃き」と言ってもいいでしょう。多段思考を何度も何度も積み上げていってもたどり着かないことがある。そんなときに、「え？ このやり方で？？？」と突飛な発想をした結果、課題が解決できることがあるんです。

そういえば、私が取材でお話を伺うベンチャー企業の経営者は、ジャンプ力に長けている気がするなぁ。

先の見えない現代では、思考体力を満遍なく鍛える必要があるし、そのために数学は最適なツール。たとえば、日本が抱える課題に少子高齢化がありますが、これって人類が経験したことがない前代未聞の状況なんですよ。
こうした課題は、思考体力を総動員しないと解決できないでしょう。

⇨ **これからの時代に必要な思考体力が、中学数学でまるっと鍛えられる！**

なるほど……。
私が挫折した数学には、「課題を解決する最強の武器」であり、「社会人として超必要な思考体力を身に付けるための脳トレ」という大事な意味があったのか……。

そう、しかも、**一般的な社会人であれば、身に付けて役に立つ**のは、ほぼ「**中学数学レベル**」**だけでOK**です。

えっ!?　先生は何て言うか、こんな感じの「見ただけでめまいがしてくる数式」ばかり使っているのかと……。

見ただけでめまいのする数式

$$\oint \frac{ds}{2\pi i}\left(\frac{G(s)}{s^{1/\rho}-1}\right)^M = \sum_{x_1,\cdots,x_M}\prod_{\mu=1}^{M} h(x_\mu)\delta\left(\sum_\mu x_\mu - (L-M)\right)$$

※実際に西成先生が立てた式です。

そんなことありませんよ〜。私が普段使うのも、ほとんどが二次方程式。
極言してしまえば、「**中学数学をマスターしてしまえば、やることは半分以上終わり**」です。
高校数学でも役に立つものはあるのですが、「どう役立つのか？」くらいのことを、さら〜っとなぞるだけでいいでしょう。

やり直すのは、ほぼ中学数学だけでいい……!?
日本最高峰の大学の教授からスゴイお言葉をいただきました……！　少し希望が見えてきました（感涙）。

⇨ AIに任せていたら、「AIに使われる側」に回る？

じゃあ、そろそろ本題の数学の授業に……。

いやいやいや！　ちょっと待ってください。

（往生際が悪いな……）ハイ、何でしょう？

今の話はよくわかったんですが、一方で、世の中ではスマホのパーソナルアシスタントとか、スマートスピーカーといったAI（人工知能）がどんどん生活圏に入ってきていますよね。

将来、娘が学校で数学を習うときに**「こんなの、AIに任せればいいじゃん！ うわ〜、パパ古〜い」**なんて言われたら、どう答えればいいんですか……（涙）。

非常に難しい問いですが……。でもね、**AIが人間の作業を代わりにやってくれるような時代になれば、なおさら人間は意識的に思考体力を磨いていくことが求められる**と思います。

AIが代わってくれるのに？

車ばかり使うと、人の足腰が弱くなるのと同じで、考えなくなれば脳も衰えます。だから、なおさら人間は、**「学ぶ」とか「考える」ということを意識して脳に負荷をかけないといけません**。特に、伸び盛りの若いときはね。

頭を使わないと、思考体力もどんどん衰えていっちゃうってことですね。

 そう。たとえば、Mathematica（マスマティカ）という便利な数式処理ソフトがありますが、東大の授業では3年生になるまで生徒には使わせません。

 え……っ？ まさか……小生意気な東大生に言うことを聞かせるため……？

 東大生、かなり従順ですから（笑）。そうしないと思考体力、特に多段思考力が鍛えられないんです。

 なるほど〜（単にドSなのかと思った）。

 もし学校の宿題を全部AIにやらせるようになったら、人間の脳なんてどんどん退化していきますよ。

 ということは、将来的には「経済格差」ならぬ、「思考体力格差」みたいなものも出てくる？

 そうなるでしょうね。**何も考えずにコンピュータ任せで生きるのか、思考という武器を身に付けてイノベーターとして生きるのか。**そこは人生の分岐点になると思います。
結局、AIだって人間がプログラムしなければ動きませんから。

 AIに使われる側か、AIを使いこなす側か……。僕は使う側になりたいです！ 手始めにさっそく今回の数学講座で、たっぷり思考体力の鍛錬をさせていただきます!!

2日目

中学数学を最速・最短で学ぶ！

数学の世界は3つに分かれている

2日目 LESSON 1 時間目

ただやみくもに学ぶよりも、ゴールを設定したほうが大人のやり直し数学はスムーズ。ここでは目指すべき「数学のゴール」を解説します。

➡ **数学は大きく「数や式」「グラフ」「図形」に分けられる**

 さっ、今日はいよいよ、本番に入りましょう。最初に、数学の全体像みたいなものを説明していいですか？

 はい、ぜひ!! どこに向かって何を学ぶのかわからないままでは、不安でしょうがないので（笑）。

 ですよね。まず数学という学問の大枠を整理しておきましょう。**数学というのは大きく3つの分野に分けられる**んですよ。

数学は……
- 代数（algebra アルジェブラ）＝数・式
- 解析（analysis アナリシス）＝グラフ
- 幾何（geometry ジオメトリー）＝図形

に分けられる

へぇえ、3つなんですね！ それすら知らなかった（笑）。

「代数」は数や式を扱うもの。
「解析」は簡単に言えばグラフの世界。x 軸と y 軸があって、そこに曲線が描かれて……みたいな領域。中学では「関数」と習いますね。そして最後の**「幾何」は図形のこと。**
小学校だとこの3つの分野の境目がグチャグチャになっているんですが、中学校ぐらいから何とな～く境界が見え始めてきて、高校になるときっちり分かれてくる、という感じです。

へぇーーー！ 初耳です!!

で、数学は測量と関係した「幾何」と、ものを数える算術として「代数」が生まれ、だいぶあとに「解析」ができてきました。

⇨ これさえ押さえておけばOK！な数学最強の武器

最初は人間の生活に関わりが深い面積や形、立体なんかの図形で、そこから数学が発展してきたというのは、何となくイメージがしやすいなぁ。
つまり、図形絡みで出てきたニーズが数学を進化させてきた……ということなんですか？

少なくとも私はそう思っています。
そして、実はそれぞれの分野で、中高生の間に到達すべきゴールが明確にあるんです。
それが、次ページの図です。

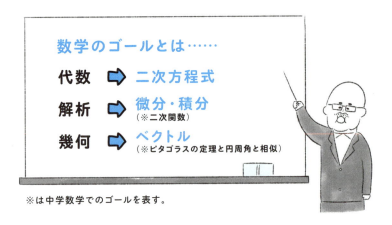

※は中学数学でのゴールを表す。

この3つが過去の偉人たちが私たちに残してくれた最高最強の武器です。

これって、たしか中学・高校で習うものですよね。

はい。特に**微分・積分は人類が生み出した最高の知恵**だと私は思っています……！（恍惚の表情）

いやあの、僕は微積分で本格的につまずいたので………先生？

（聞いていない）でね！この3つがきちんと操れるようになると急速に数学が面白くなって、いろんな課題が自由自在に解けるようになってくるんです。

ちなみに、さっきまで某メーカーの開発者の方と打ち合わせをしていたんですけど、そこでの議論で使ったのは、**中学レベルの数学だけ**でしたねぇ。

えっ……そういうものなんですか。

「こんな感じですかね」とフワッとしたグラフを紙に描き出して、「よし、これで行こう」となったときに初めてちゃんと計算する。ただ、そのとき使うのも二次関数ぐらい。

じゃあ、中学数学をちゃんとやれば、かなり使える武器を手に入れられるということですね。

高校の微積分でつまずいたのは、結局、中学の「二次関数」を理解できてなかったからでしょうね〜。ベクトルも同じ。**二次関数や二次方程式を知らないと「微分積分」も「ベクトル」も途中で行き詰まってしまいますから。**

最終的にこの3つがわかれば、大体どんな研究でも始められますよ。大学の数学はそれをもっと細かく複雑にしただけ。**私が今回一番強調したいことはココなんです!!**

ゴールがはっきり決まっていて、しかも3つだけ……。少しハードルが下がりました。

⇨ 社会人に必要な数学的思考は中学数学で養われる

さらに言うと、**生活レベルで求められる数学的思考は中学数学で十分養われる**ので、今回はそこをクリアしましょうね！

ええええ……クリアできるかなあ……（疑心暗鬼の目）。

大丈夫ですよ〜。**中学数学を「超」短時間で学び直す**ので、それで数学の感覚を取り戻せば、高校数学の学び直しなんて、カンタンにできます！

中高6年かかって、混乱しただけの私でも……？

 そうですね……じゃあ、大切なポイントだけギュッと凝縮して、数学の基礎となる**中学3年分の数学を5〜6時間でサクッと終わらせちゃいましょう！**

前にお話ししたように、**数学が苦手な人は「数学の意味がわからない」さらに、「何がゴールなのかわからないまま授業が淡々と進む」ことが、高いハードルになっている**と感じるのです。

 その通りです。**それに耐えるだけの忍耐力はなかった（笑）。**

 ここに中学1年生の教科書がありますが、もくじを見てもらえばわかるように、この3つの分野（＋それ以外）をこま切れにした単元を、少しずつやっていくんですよ。

●中学1年の数学で習う単元

代数
〈正負の数〉
正の数・負の数
正負の数の加法、減法
加法減法の混ざった計算
正負の数の乗法除法累乗
四則計算、分配法則

〈文字式〉
文字式の表し方
代入・式の値
文字式の計算（加減）
文字式の計算（乗除）
円周率
関係を表す式

〈方程式〉
方程式の解き方
いろいろな方程式
比例式
方程式文章題の解き方
速さ
割合

解析
〈関数〉
関数
比例
反比例
座標
比例のグラフ
反比例のグラフ

幾何
〈平面図形〉
図形（用語と記号）　作図3
図形の移動　　　　　円とおうぎ形
作図1　　　　　　　おうぎ形の弧、面積
作図2

〈空間図形〉
平面や直線の位置関係
立体の体積
立体の表面積

それ以外
〈資料の整理〉
度数の分布
範囲と代表値
近似値

※教科書では、このようにカテゴリー分けされていない。

あ、ホントだ！ ここが「代数」、そしてこれが「関数」、最後のほうに「幾何」がありますね。

一応、順番には何とな〜く理由はあるんですけど、それは制作者目線だから、受け手にはわからない。
説明抜きで授業が進んでいけば、「これって何のためにやってるの？」「私たちはどこに向かうの？」と思うのが普通。

ワケもわからず、目的地も見えず、ず〜っと拉致されてるみたいですね（笑）。

そうそう（笑）。だから挫折しちゃう。
最初に数学の大きなゴールを見せて、「最終的にはここに行くことが目標。今からやるのは、ゴールに近づくための第1ステージ」って伝えればいい。
自分が立っている現在地が常に見えるから、安心感がある。

……本当にそうですね。それなら最初から、感覚的にゴールが理解しやすい「図形」をやるワケにはいかないんですか？

そこが悩みどころで、代数（数や式）の知識がないと、解析や幾何で解けない部分が出てきてしまうんです。
「大体こうなるな」っていうイメージは湧いたとしても、「じゃあ、具体的にここの数字は何？」と聞かれたら、それは**代数を使って答えるしかない**んです。

「おおよそ、これでいいだろう」って意識で橋なんかつくられていたら、怖いですもんね。

でしょう？ だから今回も代数（数と式）、解析（グラフ）、幾何（図形）の順番で片付けましょうね。

⇨ 最短ルートは、ゴールから逆算すればいい

今回学ぶ中学数学のゴールって……何でしたっけ？

少し詳しく説明しましょう。まず**代数のゴールは「二次方程式」**ですね。超重要なので、**中学数学全体のゴール**とも言えます。この最終ゴールに近付くために「平方根」とか「負の数」といった、代数の細かい文法を習っていくんです。

> **中学数学のゴールとは……**
>
> 代数 ➡ **二次方程式**
>
> 解析 ➡ **二次関数**
>
> 幾何 ➡ **ピタゴラスの定理と円周角と相似**

 へぇぇ、平方根とか負の数はそういう扱いなんですね。目的と手段を明示してもらえるとわかりやすいです。

 解析のゴールは「二次関数」。 教科書的に言うと「放物線」。ただ、中学では解析はほんの少ししかやりません。小学校からの続きで「比例、反比例」という話から入って、中3でシンプルな放物線を描いて終わり。
だから**この授業は一瞬で終わります**（笑）。

 ありがたい……！

 そして、**幾何に関しては「ピタゴラスの定理」「円周角」「相似」の3つが大事。**
この3つはすべて建築に必要なんですよ。建築家がミニチュア模型をつくれるのも相似を使っているからだし、ピタゴラスの定理がなかったら直角を用いた家を建てられません。

これらの知識は、幾何の最終ゴールであるベクトルにもつながりますし、一部は微分積分にもつながる知識です。
さらに、ここでも**二次方程式**を使います。二次方程式、超重要。

先生、「二次方程式推し」すぎません？（笑）

あえて言いましょう……**二次方程式こそが中学数学の最高到達点**であり、**ラスボス**だと！「二次方程式がマスターできたら、中学数学は卒業！」と言ってあげたいほど重要。具体的には、「$ax^2+bx+c=0$」という式の x の値を自力で導き出せれば、ゴールです。

なるほど。あとは……解析でやる「二次関数」。図形は「ピタゴラスの定理」「円周角」「相似」が各分野のボスでしたね。……もしや、**フォーカスすべきはそれだけ？**

ご名答！だからやることは限られていて、それ以外の細かいこと、平方根も、負の数も、分配法則も、これらの**ボスキャラを倒すために必要な「アイテム集め」**にすぎないので。

急にハードルが下がる感じがしますね。しかもムダがない。

知識を丁寧にコツコツ積み上げる指導にも一定の効果はあるんでしょうけど、**冷静に考えるとそんな勉強についてこられるのって、よほど従順で忍耐力がある子**ですよ。

ええ！**忍耐力のない子が通りますよ！**

（笑）。だから、モチベーションを上げるという意味でも、理解を深めるという意味でも、中1の数学の教科書で最初のページにいきなり二次方程式が書いてあって、**「はい、これがボスキャラね。コイツを中学生のうちにやっつけましょう！」**とはっきり宣言して、**最短で攻略を目指すのがベスト**だと思います。

🠆 3年分の教科書、必要なのはたったの5分の1？

でも中学数学って、3年間かけてやりますよね……。

いやいやいや、最短ルートなら、3年も必要ありません‼私なら中学1から3年までの教科書の内容、5分の4はカットできるかな〜。あれはひたすら類似問題を解くのに時間を費やしているだけ。正直、ムダです（小声）。

ただのアイテム集めなのに、練習問題を延々と解かせる？

そうそう。
あと、やたらと例外的な問題を出すんですよね。
実際、そうした例外なんて、**毎日数学を使っている私ですら2年に1回くらいしかない**ですよ（笑）。

少なっ（笑）。じゃあ、もっと強弱を付ければいいと。

その通り！
最終ゴールに到達できる奥義(おうぎ)を教えて、あとの細かいことは必要に応じてやり直せばいい。
骨組みが頭に入っているので勉強しやすくなりますからね！
私はこれこそ**「最速・最短の勉強法」**だと考えています。

中学数学で体験する超重要な考え方

2日目 LESSON 2時間目

数学の意味と目指すべきゴールを教えてもらったあとは、さらに数学特有の裏ワザ「x(エックス)」を教えてもらって、レベルアップしましょう。

> 「わからないものは、わからない！」と
> 開き直った正体が「x(エックス)」

数学の全体像をつかんでほしいので、もう少しだけ大事な話をさせてください。

気がラクになってきたんで、何でもどうぞ！

そうですか！（満面の笑顔）
じゃあ、ちょっと古代にタイムスリップしてみますね。何かの長さを測るときに、「この長さを測りたいけど……どんな手順で考えたらいいのか？」と必死に考えた人がいたんです。「考え方を考えた」と言うか。ある日、閃いたんでしょうね。「長さがわからないんだよな……わからないものは仕方ないし、一時的に x(エックス) と置いてみるか！」と。実はこの「x」が文明の扉を開けたと私は思っています。そのインパクトは産業革命とか情報革命の比じゃないです。でね……！

先生、先生、ストップ！ 話についていけていません！

おっと失礼。**つい興奮してしまって（笑）。**
中学数学でも方程式の「x」は、突然さらっと出てくるワケですが、私は世紀のすばらしい発見だったと思うんです。

 そんなに!?

 「それ単体で見てもわからないものはわからない。でも、何か因果関係は見えそうだ。じゃあ、**その因果関係を使って答えを探してみようかな？**」というのが画期的だったんです。

たとえば何でもいいんですが、普段「わからなくて、すごく困っていること」ってありますか？

 # 妻の機嫌です （即答）。

 おぅ……永遠の課題ですね。すぐに解決しなきゃ。
じゃあ、奥さんの機嫌と因果関係がありそうな要因ってないですか？「こんなときは機嫌がいいな〜」といったことは？

 ……うーん、そう言われると、**「職場でのストレス」**と**「食欲の満たされ具合」**で大きく左右される気がしますね。ちょうど半々くらいの割合で。

 めっちゃわかりやすいじゃないですか（笑）。
じゃあそれを数学っぽく式にしてみましょうか。
わからないものを x と置くワケですから、「奥さんの機嫌」を「x」としましょう。

「機嫌はどうなんだろう？」とそこだけ考えてもわからないなら、いったん忘れるということです。そして次に x を使って、

式を立てます。「式を立てる」というのは「再現性のあるパターンを考える」ことだと思ってください。

奥さんの機嫌は、次の式で表せます。

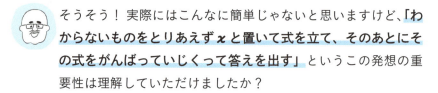

x ＝職場のストレスのなさ＋食欲の満足度

って書けそうですよね。こうやって式が立てられたら……。

……あ！ x 以外の要素を埋めればいいんですね。
たとえば「仕事は順調？」って聞いたり、「今日ランチは何食べたの？」って聞いたりして、**両方とも満たされていれば「機嫌はいいだろう」と判断できる**、と。

そうそう！ 実際にはこんなに簡単じゃないと思いますけど、**「わからないものをとりあえず x と置いて式を立て、そのあとにその式をがんばっていじくって答えを出す」**というこの発想の重要性は理解していただけましたか？

なるほど〜。そもそも、x って中学から出てくるんでしたっけ？

そうなんです。「わからないものを x と置く」という数学の本当の底力を体験できるのは、中学から。
「方程式をつくり、決められた手続きにならえば、誰でも機械的に答えが出せる」というのは、**実はものすごーーーーく画期的なこと**で、**ここに代数という分野の本質**があります。

ただ、x や y が出てきて数学で挫折する人もいますよね。

います ね。でも ね、x はただのシンボルなので、「甲」でも「？」でも「○」でも西成の「西」でも、自分の好きなものを置けばいいんです。

x を見たら「わからないものなんだな」と思えばいいだけの話。
記号は何でもOK です。

➡ 式を立てれば、世界が変わる！

うーん……。いや、でも、**式を立てて、問題を解いていくことって相当難しいんですよね……**。数学コンプレックスのある人間にとっては特に……。

おっしゃる通りです。
ただ、「わからないものを、とりあえず x と置く」と、途端に問題がシンプルになった気がしませんか？
「わからないものはわからない！」と開き直ることで、「どういう関係性や規則性があるか？」ということに頭を使えるようになるので。

「わからないもの」ではなく、「関係性」に目を向ける……。

そうです！
実は今、二次方程式を使って立てた式で、特許申請中なんですよ。
詳しいことは言えませんが、私が考えたある二次方程式を使えば、車の燃費がものすごくよくなって、地球環境に優しい社会がつくれます。

え？ 急に何の話ですか？

 地球環境レベルの問題も、実は二次方程式で解決できるってことですよ。ただ、式を立てるのが大変でしたけど……。

 ナルホド。
汎用性のある式を考えられたら、車メーカーの人はその式に数をいろいろ代入すれば、答えがほぼ自動的に出せると。

 そうそう。それができたのも「わからないものを x と置いた」おかげ。
まさか私も、あんなシンプルな二次方程式になるとは思っていなかったんですけど。

 二次方程式、神(かみ)ってる……！

 今回は最短でおさらいするので、式は私が立てていきますが、理想を言えばみなさんにも、自分の日常生活や仕事で式を立てていってほしいですねえ。金利の計算でもいいし。

自分なりに身近な課題で式を立てて、そこから x を導き出す経験を一度でもすれば、数学に対する印象も、見える世界も、ガラッと変わると思うんですよ。

3日目

いきなり！中学数学の頂点「二次方程式」をマスターする！！

Nishinari LABO

日常の困りごとを数学で解決しよう!

ここでは、実際の課題を解決するための手法として、数学を使うことを考えていきます。課題とは「猫専用の扉をつくってあげる」こと。はたして、猫に喜んでもらえる扉をつくることができるのでしょうか?

⇨ 中学数学のラスボス二次方程式を倒す!

今日は、**中学数学の最高到達点の二次方程式を解く**ところまで一気に行きます!

おぉ……! 代数を全部やるということですね(ゴクリ)。

文系のみなさんが苦手な代数です。**二次方程式は、中学数学で一番強いボスキャラ。** それさえやっつければ**中学数学をほぼクリア**したようなもの。
次の授業で扱う解析(関数)は一瞬で終わりますし、最後の幾何は、図形をちょこちょこ描いていれば何とかなります。
問題なのが代数。抽象的な世界なので、少〜し難易度が高い。

ボスキャラ……(想像中)。

⇨ カワイイ猫のために式を立ててみる

じゃあ、実際にやってみましょうか。
数学は現実の課題を解決するものである、と散々力説したので、問題もできるだけリアルなものを考えてきました。
主役は猫です。

猫!!!?

そう、カワイイ猫を家で飼っているとしましょう。
猫が違う部屋を自由に行き来できる小さな扉を、ドアに穴を開けてつくります。蝶番は扉の上に付けて、ブランコみたいに外側にも内側にも開閉する仕様です。

「僕専用の扉をつくってニャ♡」

とつぶらな瞳で訴えかけてきたら、つくらざるをえないじゃないですか。

え……、まぁ、ハイ。そうですよね……。

これが今日の課題。
猫にとっては、超重要で切実な要望ですからね。それを数学の力で解決しましょう！

問題

カワイイ猫のために、専用の扉をつくってあげよう！

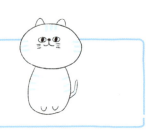

当然、猫が通れる大きさの扉じゃないと意味がないですよね。かと言って、大きく開けすぎたら扉の開閉が大変で猫がカワイソウなので、ちょうどいいサイズでなければいけません。

まず扉の横の長さですが……、いきなりはわからないので、とりあえず放置しましょう。

そして次は、縦の長さ。郷さんが、「猫だったら大体横幅の2倍ぐらいの長さは必要かな？」と考えたとして、さらに、扉を取り付ける加工用に、5cmの長さが必要だとしましょう。

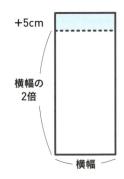

じゃあ、縦は横幅の2倍に5cmを足したものだと……。

そうです！
さらに家の物置には、未使用の1cm角の小さなタイルが600個あって、奥さんは「邪魔だから使い切って！」と怒っているとしましょう。

使います！　（即答）

せっかくなので、今回の扉にきれいに貼り付けることにしましょう。猫も喜んでくれるかもしれません。

ということは開口部の面積は $1cm^2 \times 600$ 個なので、$600cm^2$ と決まってきます。

横の長さは、わかりません。ここで中学生が代数で手に入れる最初の武器、「わからないものを x と置く」が登場します！

ただ、いきなり x で拒絶反応を示す人がいたらいけないので、今日の授業だけ最後まで□にしておきましょうか。横の長さは□cm だと。

すると縦の長さは「横幅の2倍に5cm を足したもの」なので、「□＋□＋5(cm)」、もしくは「2×□＋5(cm)」、ということになります。
で、長方形の面積の計算の仕方は小学校で習いますが「横の長さ×縦の長さ」です。

ということは、

〈カワイイ猫に専用扉をつくるための式〉
□×(2×□＋5) ＝ 600
もしくは
□×(□＋□＋5) ＝ 600
→ □が2つ分

という式が成り立ちますよね。

ここまでが **「式を立てる」** という行為に当たります。
つまり、「＝（イコール）」を使って、関係性を整理するということです。
現実の問題としては猫のため、ドアに猫用の扉を付けないといけないワケですが、式を立てたら印象がだいぶ変わりません？

何と言うか……**「考えるべきことがシンプルに整理された」** という感じがします。

すばらしい！ **現実の課題を数学的な式に落とし込むと、余計なノイズがきれいに消えます。**
「うちの猫、世界一カワイイ♡」とか「ドアに穴を開けたら大家さんに怒られるかも」などといった雑念は、この式には一切反映されません（笑）。
じゃあ、この□に入る数字を当てられますか？

うっ……、ええと……（滝汗）。

ですよね。 これが当てずっぽうでパパッとわかるなら、数学は要りません。

コレ、二次方程式が登場するまで適当にやってみたワケですよ。
「うーーーーん。20cm？」
20cmとすると **20 × (20 + 20 + 5) = 900cm²**。
「あれっ、大きいか。じゃあ 15cm か」
で、計算すると **525cm²**。
「惜しい！ じゃあ 17cm かな」。
これも計算すると **663cm²**。

当たるまで、こうやってちょこちょこ計算しないといけません。

あとでお話ししますが、この解答は平方根、つまりルートという便利なツールを使わないと、**永遠に答えが出ない**んです。

ルートがなかった時代に、「くそー、絶対に解いてやる！」って、延々と「当てずっぽう」をやった人もいるんですかね〜（笑）。

いるでしょうね（笑）。
でもあるとき、勘のいい人が気付いたワケです。
「惜しい！とか、割り切れるのか？とか言ってる場合じゃなくて**……何とか一発で答えを出す方法を探すべきじゃないか？**」と。

結局、それで1000年ぐらい悩んだ。

そう。つまりね、**人類が1000年かかって導き出した方法を、私たちは今や自由に使える**ワケです。

それを使えば、この問題はすぐに解けます。カワイイ猫が、自由に出入りできるようになる。

こんな風に、**「何かと何かをかけたら、何かになる」**って、世の中のいろんなところに現れるワケですよね。
たとえば、「縦×横＝面積」とか、「体重×人数でエレベーターに何kgまで載れるか？」などといった問題が。

ずばり、**「何かと何かをかけたら、何かになる」**。
この方程式を自在に解けるようになることが、中学数学の代数の目標です。

LESSON 2 時間目 代数の便利アイテム「負の数」をゲットせよ！

3日目

まずは「式を立てる」ことから。数学の始まりは「困りごとを解決する」ことなので、そのための方法を数字に置き換えて、考えていきます。

⇨ 難しい式を超簡単にする「かたまり」の術

 さて、先ほどの式を解けるようになるためには、**代数の世界に存在するいくつかの便利アイテムを拾ってレベルアップ**していかないといけません。**打倒ボスキャラ**ですからね。
そこで、問題。

$$2 \times \square = 10$$

この□に入る値は何かわかりますか？

 5です！（ドヤ顔）

 そうです。$2 \times 5 = 10$。これは小学生でも解けるただのかけ算クイズで、$10 \div 2$ なんて計算をしなくても解けます。
なぜ簡単なのかと言うと、□が1つしかないから。こういう「□（わからない値）が1つしかないもの」を「**一次式**（正式には、

一次方程式)」と言います。

急に数学っぽくなってきましたね……。

名前だけで、実態は**ただのクイズ**ですから（笑）。
じゃあ、次は少しだけ複雑にして、こんな式だったら？

$$2 \times \square + 4 = 10$$

えーっと………「3」です。

そうです。暗算で解けますよね。
この式で覚えてもらいたい超重要なポイントは、「2×□」を「**かたまりとして見る**」ことです。
□の値がわからないワケですから、その□を2倍にした値もわかりませんよね。だから仮に「2×□」を「◎」に置き換えると、

「かたまり」と見る

$\boxed{2 \times \square} + 4 = 10$
↓◎に置き換えると……
$◎ \ + 4 = 10$
つまり、
$◎ = 6$

ね？ ただの足し算のクイズになって「◎」が「6」とわかります。
ただ、ここで終わりではなくて、「6」と判明した「◎」はもと

3日目 いきなり！ 中学数学の頂点「二次方程式」をマスターする!!

もと
「2×□」だったワケですから、次のような式が成り立ちます。

```
 ◎   = 6
↓◎を元の形に戻すと……
2×□ = 6
つまり、
  □ = 3
```

すると、あら不思議。最初の超簡単なクイズの形になります。繰り返しますが、ここで伝えたいポイントは、**式の一部を「かたまり」として捉えること**です。ここまでどうですか？

 ついていけてます！

 ## これで中1数学の半年分は終わり。

 早っ！

 これが一次方程式。こんな簡単なことに半年もかけているんです。5分で終わるのにねぇ。じゃあ、次にちょっと変形バージョンをやってみましょう。□に入る数字を答えてください。

〈式A〉 2×□＋□＝9

う〜ん……3？

 そうですね。さて、この式って□が2つありますが、これは何次式ですか？

 2個なので二次式ですよね？（再びドヤ顔）

 残念。**一次式なんです。**
きれいに引っかかってくれてありがとうございます（笑）。
左辺をよ〜く見てくださいね。

$$\underset{\downarrow}{2 \times \square} + \underset{\downarrow}{\square} = 9$$
$$\square が2つ \quad \square が1つ$$

コレ、「□2つに、さらに□1つを足したもの」って意味ですよね？

 えっと……そうですね。あ、ということは、□3つってことか。

 そうです。□の式が2つあるように見えるのでだまされそうですけど、実は左辺は「□が3つ」ということで「**3×□**」に変形できます。

$$3 \times \square = 9$$
$$\square = 3$$

これも、超簡単なかけ算クイズになりました。
中途半端に分解された状態のまま式になっているだけで、本質的には一次式なんです。

□の個数を足せばいい、と。

そう。だからたとえば、次の式もこんな風に変形できます。

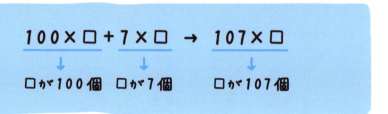

ちなみに、先ほどの74ページの式Aは、

$$2 \times \square + 1 \times \square$$
$$\downarrow \text{1は省略できる}$$
$$2 \times \square + \square$$

の形にしたものです。

なるほど。

これで、中1の10カ月が終わりました(笑)。

 ええっ、マジですか!?

現実にはない「負の数」が、現実世界に役立つ!?

 ただ、□がいくつも出てくるのに、一次式っていうのが……まだ腑に落ちていないんですけど……。

 次に二次式が出てくるので、そこで比較して説明しますから、ご安心を。もう1つ大事な概念を覚えないといけないので、別のクイズを出しましょう。次の□に入る数字がわかりますか?

$$2 × □ + 10 = 0$$

 えーっと……「−5」ですか?

 正解。大人だったら、この問題はすぐに解けます。ただ、**小学校までの算数しか知らない生徒がこの問題を見ると、マイナスの数を習っていないので「答え、出ないよね〜」って思うんです。**

 えっ……じゃあ、小学生だったら「答えなし」が正解?

 そうなんです。でも、「答えなし」がファイナルアンサーになると、世の中の課題が解決できなくなってしまう。

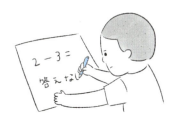

カワイイ猫が部屋に閉じ込められるかもしれない……。
でもそれだと困るので、昔の頭のいい人が**「負の数（マイナス）」の概念**を閃いたワケです。
現実世界では、**0より小さい数を考えたことで、借金の返済や氷点下の気温など、社会にいろいろと応用できるようになりました**。負の数がないと二次方程式は解けないので、**革命的な発見**と言ってもいい。

えっ、そんなに！？

ただ、負の数は数学の発展の歴史から見ると、一種の「つじつま合わせ」のために生まれたんです。
式を立てても「答えなし」では先へ進めなくなっちゃうので、「なし」と言わせないために、「大きくすればするほど、小さくなるものってな〜んだ？」という概念を考えた。

まるで、なぞなぞ……。

そう。でも、その「なぞかけ」のおかげで、負の数という考え方が出てきたんですよねぇ。

僕も、中学で習ったときは戸惑った気がします……。

混乱する子は多いんですよ。だって、現実にないワケですから。
「Aさんはりんごを2個持っています。そこにBさんがやってきて、Aさんからりんご3個をもらって行きました。Aさんのところに、りんごは何個残っているでしょう？」
って聞かれるようなものなので。

「2個しかないって！」ってツッコミたい。

ですよね（笑）。ただ、負の数の概念を知っていると、「Aさんの手元のりんごは2個ともなくなって、さらにBさんにりんご1個分の貸しがある」といった、**もう一段複雑なことが考えられるように**なるんです。

こういう風に、現実にないことを思考・計算できることを「抽象化」と言います。それが数学のすごいところであり、面倒なところでもあるんですけどね。

⇨ 引き算の記号と「負の数」は別物

ここで補足ですが、**「5」の数字の前に付いている「−（マイナス記号）」は小学生まで慣れ親しんできた引き算の記号ではなく、「負の数である印」**だということ。ややこしいですが、「−5」という表記は「負の数」を表したものにすぎません。

> **ここが ポイント！**
>
> 「引き算」と「負の数」は違うもの。
> $5 - 5 = 0$
>   ↑これは、「引き算」の意味
> $5 + (-5) = 0$
>   ↑これは、「負の数」の意味

「ー5」が表すものは、「5円の借金」かもしれないし、「氷点下5度」かもしれないし、「5マス戻れ」という意味かもしれませんが。

「マイナス」を示す印ってことですか？

「マイナス」を表すシンボルであり、記号であり、マーク。逆に言うと小学生まで見てきた数字は、「正の数」という分類なんです。

たとえば「100」という数字は、本来「＋100」と書かれていてもいい。でもそれだと、記号だらけでわかりづらくなるから省略されているんですよ。

> **ここが ポイント！**
>
> 「正の数」の「＋」記号は、通常、省略されている。
>   5
> と書かれているが実際は、
>   ＋5
> の意味。

確定申告の書類でも、プラスはそのまま数字を書きますけど、マイナスのものは「▲」の印を付けたりしますもんね。

そうそう、まったく同じ。
マイナスの世界の数字だけはすぐにわかるように印を付けて、それ以外のプラスの世界の数字は記号を省略しようという、数学界の暗黙のルールがあるんです。

🗨 再び「かたまり」のマジックで解け！

そうかと言って正の数の「5」と負の数の「−5」の足し算を「5＋−5」と書いたらワケがわからなくなりますよね……。

う〜ん。確かに、**足すのか引くのか煮え切らない**。

だから負の数の前に何か記号がある場合は、負の数を（　）で括ってしまおう、そのほうが情報が整理されてわかりやすいだろう、と考えたんです。
それで「5＋（−5）」という書き方が生まれた。

それって……さっきの「かたまり」の話に似てませんか？

鋭い！ **数を括っている（　）を見たら「あ、かたまりじゃん！」と思えばいいんです。**
「かたまり」になっていれば「−」の記号が引き算の意味ではなく、「負の数の印」だとわかりますから。

でも、実際に解くときは……。

引き算です。「5＋（−5）」は「5−5」と同じで、答えは「0」。
「5＋（−8）」なら「5−8」で答えは「−3」。
じゃあなぜ引き算になるかと言うと、すごろくがイメージしやすいでしょう。
スタート地点が0で、自分は5マス進んだところにいて、自分の順番で命令が書いてあるカードを1枚引いたら、「5マス戻る」と書いてあった。
頭の中では「5−5」という計算をしますよね。

なるほどなぁ。あ！ 負の数の引き算もありますよね。

あります。たとえば「5−(−5)」。一瞬たじろぎますが、何てことはありません。
「負の数を引く」という謎の行為をするときは、プラスになるという簡単なルールを覚えるだけ。

ルールを覚えればそうですけど……、何でそうなるんですか？

たとえばすごろくで今5マスめにいて、突然、特別ルールが適用されて「次に引くカードに書かれている数字の分だけ後ろに戻らないといけない」とします。
するとカードには「−5」と書いてあった。「5マス戻る」ならわかるけど、「−5マス戻る」って何だ？となりますが、5マス進めることと同じになりますよね。

結果的に「5−(−5)」は「5+5」と変形できて、答えは「10」です。

……わかったような、わからないような。

わかりづらかったら、「これは数学という『言語』を習得する上での基本的な文法なんだ」と開き直ってください。

「マイナスを引く」ということは足し算だと、機械的に覚えてしまえばいいんです。

すごろくの話を何とな〜く思い出しながら。

ここが ポイント！〈負の数の引き算〉

負の数を引く、つまり1−（−1）は、足し算になる。
したがって、1＋1になる。

ということを踏まえてさっきの問題（77ページ）に戻ると、
「2×□＋10＝0」という式でしたね。
「2×□」を「ひとかたまり」だとして、「◎」に置き換えます。

2×□＋10＝0
↓◎に置き換える。
◎＋10＝0

すると……
◎＝−10

◎を2×□に戻すと、
2×□＝−10
になる。答えは、
□＝−5

とりあえず、プラスとかマイナスを抜きにして考えれば、
「2×□=10」という式になりますよね。

最初の簡単なかけ算クイズと同じですね。

そう。だから「たぶん5っぽい数字が入るんだろうな」とわかるんです。

こうやって多少強引でも、**数字は数字で見て答えのアタリを付けて、最後にプラスとマイナスの記号を考えれば、実は負の数が入ってきても何も難しくない**んです。
結局は、記号の扱いに慣れるかどうかなんで。

はい。わかりました。

ということで、**中1の代数はすべて終了です。**
これで一次式は全部解けます!!

> **ここが ポイント!**
>
> 一次式は「一次方程式」、
> 二次式は「二次方程式」とも言う。

COLUMN

私の「理系」エピソード 日が暮れる

私の「文系」エピソード 九九の計算

3日目

いきなり！ 中学数学の頂点「二次方程式」をマスターする!!

「負のかけ算」と「平方根」がラスボスを倒す武器

いよいよ、ラスボス「二次方程式」の登場です。ボスを倒すために必要な武器「負の数の計算」と「平方根（ルート）」を手に入れましょう。

➡ 二次方程式の「二次」とは「かける回数」

カワイイ猫が待っているので、どんどん行きましょう！
次は二次方程式。あっという間に中2です。

難しくなっていくんですね……。

いやいや、□が2個に増えるだけですので。
さっそく一番簡単な二次方程式から行きましょう。

$$□ × □ = 4$$

何かと何かをかけたら「4」になった。同じもの2つをかけたワケです。これを考えてみましょうか。

今度はかけ算か……、答えは、「2」です。

そうそう、「2×2＝4」ですよね。

「かけ算」という点に、よくぞ気付いてくれました。さっき出てきた「□＋□」みたいな形は、□が1つにまとめられるから、一次式だと言いましたよね。今回は「かけ算」という点がポイント。かけ算の形だとこれ以上まとめられないんです。

で、これ以上まとめられない状態で、□が2つある状態の式のことを二次式と言います。

？？？……これ以上まとめられない？

「□×5」というかけ算は、「□が5個ある」ということなので、「□＋□＋□＋□＋□」という足し算で表せます。

かけ算の正体って、実は足し算なんです。

「□×□」の場合、同じように「□＋□＋□＋□＋□……」という形になるんだろうな、ということはわかっても、足し算を繰り返す回数自体が「□回」なので、何回繰り返したらいいかわかりませんよね。

足し算の形では表せません。

なるほど〜。

どんなにがんばって式変形をしようとしても、結局、かけ算の形では□が2個出てきてしまうもの。それが二次方程式です。もし、式の中に二次で表せる「かたまり」と一次で表せる「かたまり」があった場合は、次数の高いほうで呼びます。
「□×□＋3×□」なら二次だし、「3×□」なら一次。

わからないものをかけ合わせている回数が問題

はい、これで中2の代数はほとんど終わり。

 ちょっ……終わり!? まだ3ページですよ？（笑）

 でも二次方程式はどういうものかがわかって、実際に解けたのでOKなんです♡

ここが ポイント！

一次、二次、……を「次数」と呼ぶ。
わからないもの（※ここでは□だが、x、yやa、b、cなどアルファベットで表すことが多い）がかけられた回数が1回なら一次、2回なら二次、3回なら三次。
たとえば、$3a \times a + b + 5$ → かけているものがないから0次（ゼロ）
　　　　　　　　　　　　↓
　　　　　　　　　　　bを1回かけているから一次
　　　　　aを2回かけているから二次

「負の数同士をかけると正の数になる」という謎のルール

ただし、今のクイズには大きな落とし穴があるので、そこをカバーできるようにしておきましょう。
実はさっきの問題の解答は「−2」でもいいんですよ。
「(−2)×(−2)」でも答えは「4」になります。

あ、そう言えば……。

ここが中学生にはわからないんです。つまり**マイナスとマイナスをかけるとプラスになる**というところ。
ネットを見ると「マイナスとマイナスをかけるとなんでプラスになるの？」っていう質問がたくさんあるんですよ。でも**わかりづらい答えばっかり書いてある**んですよね。
「否定の否定は肯定だ」とか、「自分の嫌いな人に不幸なことが起きたら嬉しいでしょ」とか（笑）。

じゃあ、先生なりの答えは何ですか？

「それが数学の決まりごとだから」 です（キッパリ）。

先生、ちょいちょい開き直りしてません？

いやいや。だって実際にそうなんです。
そこをはっきりと言わないから、「数学がよくわからない」って人が出てくるんじゃないかな。

「マイナスとマイナスをかけるとプラスになる」という決まりごとにしないと、負の数を数学の世界に導入するに当たって矛盾が発生してしまう。

 矛盾？？？

 そうなんです。
数学って新しい記号やルールを自由に付け加えてもいいんですが、今あるものと矛盾しないようにしなければなりません。
そういう意味で「マイナスとマイナスをかけるとプラスになるって決まりごとにしないと、矛盾が生じるよ」という証明はできます。

 あっ、できるんですね。

 できます。ちょっとやってみましょうか？
(※ただし、「マイナス×マイナス＝プラス」という決まりごとをすんなり飲みこめる人は、読み飛ばしてもOK)

たとえば「1－1＝0 …①」ですよね。
で、81ページで出てきたように、この式は、
「1＋（－1）＝0 …②」という形に変換できます。
次に、「両辺に（－1）をかけ算 …③」します。

この謎の操作は証明をするためなので、今の時点では気にしないでください。
両辺に同じ数をかけたら、イコールの関係は保ったままです。
ということで、これまでの式を順番に書くとこうなります。

<マイナス×マイナス＝プラスの証明>

① $1 - 1 = 0$

　　↓「−1」の部分は「＋(−1)」に置き換えられる

② $1 + (-1) = 0$

両辺に同じ数をかけても＝（イコール）の関係は保ったままになるので、両辺に(−1)をかけてみる

③ $(-1) \times \{1 + (-1)\} = (-1) \times 0$

③の左辺の 1+(−1) は「かたまり」とみなして、{ }で括ってあります。さて、何かに 0 をかけると「相手を消す」というルールが適用されますよね。

だから、次のように「右辺は 0 …④」になります。

④ $(-1) \times \{1 + (-1)\} = 0$

④の左辺は (−1) と、かたまりにした {1+(−1)} のかけ算ですよね。

🡪 強力アイテム「分配法則」をゲットする!

 かけ算が、ちょっと複雑で……。頭が混乱してきました……。

 ④みたいなタイプのかけ算の仕方を説明するために、もう少しわかりやすい式を考えてみましょう。
たとえば「3×(2+1)」という式があるとします。これって、

$$3 \times (2 + 1)$$
$$\downarrow \text{3 だよな……}$$
$$3 \times \quad 3$$

だから、答えは「9」になる。

でも「9」って、「3×2の答え」と「3×1の答え」を足したものでもある……って気付きましたか?

 ??????

 これね、中2で習う「分配法則」という大事なテクニック。
さっきのかけ算だとこうなります。

$$3 \times (2 + 1)$$
$$= 3 \times (2 + 1)$$
$$= (3 \times 2) + (3 \times 1)$$

> **ここが ポイント！**〈分配法則〉
>
> $a×(b+c)$ という式があったら、$a×b+a×c$ の形にできる。
>
> $$a×(b+c) = a×b+a×c$$
> （かける）（かける）

 じゃあ、（　）の中の足し算がいっぱいあってもいいんですね。

 大丈夫です。**今後も何度も出てくるパターンなので、「分配法則」という武器は、必ず持っておきましょう。**

じゃあ、91ページの証明に話を戻しますね。式変形は④までやりました。

この左辺を、今やった分配法則で変形してみると……

$$④\ (-1)×\{1+(-1)\} = 0$$

↓ 分配法則で変形してみると……

$$(-1)×\{1+(-1)\} = 0$$
（かける）（かける）

↓

$$\underbrace{(-1)×1}_{a} + \underbrace{(-1)×(-1)}_{b} = 0$$

になります。

で、a の部分を見てください。a の「$(-1)×1$」の答えは「-1」だとわかります。何かに「1」をかける行為は、「相手を変えない」というのが数学の基本ルールなので。

a を「-1」とすると、次のような式になります。

⑤ $-1+\underbrace{(-1)\times(-1)}_{b}=0$

あ、b の部分、「マイナス×マイナス」が居座ってますね！

よく気が付きました！いったんここで、このよくわからない b つまり、「$(-1)\times(-1)$」をかたまりとみなして□にしてみましょう……

⑥ $-1+$ □ $=0$
　　　　↑ここに入るものは1しかない

「$-1+□=0$」が成り立つための□の中身は「1」ですよね。
で、この□の正体 b は「$(-1)\times(-1)$」なので……、

ここで□＝$(-1)\times(-1)$
⑥から□＝1なので
$(-1)\times(-1)=1$
が成り立つ。

つまり、マイナスかけるマイナスがプラスにならないと、数学的に困りますよ〜という証明になります。

へ〜〜〜、すごい納得感!!

ですよね。この証明が、私が今まで見てきた証明の中で一番腹落ちしたんです。

正直、ちょっとだけ理屈っぽいですけどね……。

でもちゃんと証明をしてみせたほうが「そういうルールになったのも仕方がないな。じゃあ従うか」と思うじゃないですか。
「借金を背負った人が交通事故に遭ったら、保険金が下りてラッキー」みたいな説明よりは、はるかにいい。
そして実は、数学という学問が発展してきた原動力の1つが、「矛盾をなくすこと」への欲求なんです。
矛盾を抱えていると万能の課題解決ツールにならないので。

⇨「決まりごと」は、英語の文法を覚えるようなもの

確かに……よくよく考えてみると、「(−1)×0＝0」というのも、「何で0になるの？」と思えてきました。

それも矛盾をなくすために生まれた「決まりごと」なんです。
中でも、**「1」をかけても相手はそのまま、「0」をかけたら相手は必ず「0」になるというルールは、いわば数学の世界の頂点に君臨する最上位のルール。**
「マイナスかけるマイナスはプラス」というルールは、その1段下にあるルール……という感じかな。

上位？……あ、「×0」と「×1」の性質が定まっていなかったら、さっきの証明ができないからですね。**大前提**みたいな。

そういうこと。

「マイナスにプラスをかけるとマイナスになる」という決まりごとも中学で習いますけど……。

それも覚えるだけです。
「(−3)×4」なら「−12」だし、「4×(−6)」なら「−24」。

> **ここが ポイント！**
>
> マイナス×マイナス ＝ プラス　になる。
> マイナス×プラス　＝ マイナス になる。

でも、「何で？」って疑問を抱くことって大事じゃないんですか？ それこそ先生の話であった思考体力の「疑い力」で……。

もちろん、**本質に立ち返る姿勢は極めて大事**です。
ただ、「そもそもの決まりごと」みたいな話になってくると、語学の文法を覚えるのに近いんです。
文法に文句を言う人っていないでしょう？
それに、こういう前提は、**あとでジワジワわかってくることが多い**ので。

前提を疑いすぎるのもよくないということですか？

と言うか、小中高で習うレベルの算数・数学は、すでにいろんな疑いの目にさらされながら進化してきた「完成形」なんですよ。

「全幅の信頼を置いていい」ってことですか？

そうです。教え方についてはまだまだ改善の余地があるものの、**中身のロジックについては完璧**。

「先人が整えてくれた、めっちゃ便利なルールなんだ」と考え、ありがたく使わせていただいたらいいと。

そう。ポジティブに捉える。自分で考えてもいいけど、「これは安心して乗れる巨人の肩なんだから、乗ってみない？」っていう話なんですよ。小中高で習う算数・数学って。

うわ〜、「前提の理解にこだわる必要はないんですよ」と言ってもらえて、**すんごい肩の荷が下りました……**。

それはよかった！

⇨ オトナの事情で生まれた「平方根」

 負の数の概念がわかったところで、次のクイズです。

$$□ × □ = 3$$

さっきは 4 でしたからすぐに解けましたが、今度は「あれ!?」って手が止まりませんか？

 ……1.5 くらいですか？

 お、がんばっちゃう系ですね。1.5 × 1.5 は 2.25 です。「じゃあもうちょっとかな」みたいにやり出したら、一生かかってもこの授業が終わりません。
実はこれ、延々と続くんです。1.7320508……と。

 ええっ!? 覚えてるんですか？

 いやいや、まさか。「人並みにおごれや」という語呂合わせで覚えているだけです（笑）。
こうやって延々と終わらないケースの数字を「無理数(むりすう)」と言います。

 # 無理ゲー的な……？

まあ、そんな感じかな(笑)。
ちなみによく出てくる無理数は右辺が 2、3、5 の場合です。
□×□＝2 なら、□ は「一夜一夜に人見ごろ」で 1.41421356……。
□×□＝5 なら、□ は「富士山麓オウム鳴く」で 2.2360679……と覚えておくといいですよ。

でも、キリがないんですね……。

そうです。キリがない。
考えても、答えはエンドレスで出ない。そこで、この□を数学的に表現する方法はないか？と考える人が出てきました。
そこで生まれたのが「√ (ルート)」という表記。仮に「3」を入れて、式で書くとこうなります。

$$\sqrt{3} \times \sqrt{3} = 3$$

まさに「数学の一身上の都合」であり、「人工的な決まりごと」であり、めちゃくちゃ抽象的な **「ただの記号」**。
だからこれも「え？ 何で？」と思ったとしても、そういう決まりごとなので仕方がない。

日本語だと **「平方根」** でしたっけ……？

そうです。
「平方」というのは「2 乗」という意味で、同じ数字 2 つをかけ算すること。

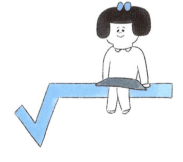

根って何ですか？ ルート（root）って、英語だと「根っこ」っていう意味なので、関係がありそうなのはわかるんですが。

鋭いですね！ 実はこのルートの記号のことを、英語だと「radical symbol」とも言うんですよ。ラジカルというのは「根源」という意味です。ラテン語だと「radix」。

へーーー（×3）。外国語の勉強までできるとは！

まあ、この場合は「解」くらいの意味ですね。ある謎の数字を2乗したときにもし5になるんだったら、その元の謎の数字のことを「5の平方根」と言います。
ルートのこの横棒は、実際に「$\sqrt{100000}$」みたいに中に値が入るときに、どんどん横に伸ばしていくんです。

ということは、中に何を入れてもいい？

もちろん。めちゃくちゃ長い式を入れても構いませんし、$\sqrt{}$の中に$\sqrt{}$が入っても構いません。

へーーーー（×5）。

ちなみに郷さん、文学部でしたっけ？

（えっ、唐突だな……）はい。哲学科ですが……。

おっ、奇遇ですね！ $\sqrt{}$のこの上の横棒を考えたのはデカルトだと言われているんですよ！

え!? 近代哲学の祖! 数学も得意だったんですね!

 ……と、話がそれてしまいましたが、要は**平方根というものも完全な決まりごと**で、負の数の概念と同様、**性質を素直に覚えたほうが絶対に早い**ってことです。

ルネ＝デカルト（仏）
1596-1650

 はいっ、平方根を素直に受け入れます!

 （笑）。受け入れていただければ、中2はほぼ終わりです。

 早ーーーい♡（満面の笑み）

 ただ、先ほどの「□×□＝3」の□については、$\sqrt{3}$ だけでなく、同様に $-\sqrt{3}$ も答えだということを忘れないでくださいね。

 あ、すっかり忘れてました（笑）。

 「**マイナスとマイナスをかけるとプラスになる**」という決まりごとがあるので、**答えは2つある**んです。

これを踏まえると、「二次方程式って、答えが常に2つあるんじゃないの?」ということが、見えてくるワケです。

 ……言われるまで、まったく見えていませんでした。

➡ 便利なものをガンガン使ってゴールに近づく

 そうそう。ちょっとだけ平方根で応用問題を出させてください。

 えーーー？？？（ガッカリ）

 まあまあ、そう言わず。こんな問題を解いてみましょうか。

$$2 \times \square \times \square + 1 = 6$$

これも二次方程式です。
□が2個あって、これ以上まとまらないので。

 う〜〜、ギブアップ。

 あ、そろそろ暗算しなくてもいいですからね（笑）。
「かたまり」という発想（73ページ）を思い出してください。

$$(2 \times \square \times \square) + 1 = 6$$
↓これを「かたまり」とすると……
$$◎ + 1 = 6$$

こういう形にできますよね。

はい。

 ここで、中学校で習う **「移項」** を思い出してください。

> **ここが ポイント！〈移項〉**
>
> 片方の辺にあるものを、イコールの反対側の辺に移動するときに、符号が逆転する。
> 足し算なら引き算に、引き算なら足し算に……という風に逆転する。

これも「決まりごと」なので、素直にやってみてください。
すると……こんな風に式変形できます。

$$◎ + 1 = 6$$

右辺に移項するので、「−1」になる。

$$◎ = 6 - 1$$
$$◎ = 5$$

 あ、ナルホド。

102ページの左下の式に戻ってみてくださいね。
「◎」はもともと「2×□×□」なので、式はこうなります。

$$2 \times \square \times \square = 5$$

2が邪魔だな……もしや、両辺を2で割る？

いいですね！ その調子‼

$$(2 \times \square \times \square) \div 2 = 5 \div 2$$

すると……

$$\square \times \square = \frac{5}{2}$$

割り切れないのでちょっと「うっ」となりますけど、これ、わざとこの数字を選んでいます。
割り切れたほうがわかりやすいと思うんですけど、割り切れない場合には、単にこうやって分数で書けばいいんです。

それって、小数の2.5でもいいんですか？

もちろん。でも、わざわざ小数にする必要はないんです。
だって、計算しなくてもいいから、ラクですよね？

たしかに……！ そう言われてみると、分数も思いっ切り数学の都合でつくられた記号ですよね。

でしょう？ たとえば10cmの棒を3等分するときに、分数がないと1つの長さは3.3333……と永遠に続くワケで、**面倒くさいですよね？**

それを省略するために「分数」って便利な「決まりごと」があるんです。

なるほどなぁ。それにしても……**数学って都合が悪くなると「決まりごと」をブッこんできますね（笑）。**

フフフ……**そうなんですよ。**
と言うか、私はこの本を通してそこを伝えたいんですよ！

だってね、それがわかると、**数学で新しいことを学ぶときのハードルが一気に下がる**んです。

一種の「開き直りが大事」ってことですね〜（先生も開き直ってるし！）。

だって、たとえばみんなで「UNO」っていうカードゲームをやっていて、リバース（※順番が逆回りになるカード）が出たときに**「何で逆回転になるの？」って文句を言うヤツ**がいたら鬱陶しくないですか？

うわっ、絶対一緒に遊びたくない、そんなヤツ(笑)。

数学というのも「一種のゲーム」なんですよ。
最終的な目標は何か課題を解決することなんですが、その過程は謎解きゲームであって、細かな決まりごとや手続きの仕方がたくさん定められているんです。
それを組み合わせながら問題を解いていく。

ゲームと言われると納得。**ラスボスを倒す「ゲーム」**なんですね。

そう。「記号が苦手だ」という人が多いんですけど、実はその記号にこそ数学のパワーが凝縮されているんです。**何千人もの屍の上にできた記号なので(笑)。**

おお……!「偉人の屍を超えてゆけ!」ですね!

ですです!じゃあ、本題に戻って……。

$$\Box \times \Box = \frac{5}{2}$$

のとき、□は何になるでしょう?

……もしや、$\pm\sqrt{\dfrac{5}{2}}$?(ゴクリ)

大正解！！！

 う〜ん。でも、こんな記号だらけの答えでいいんですか？
何か、ちょっと気持ち悪いんですけど……。

 数学的には「解けた」と言っていいんです。
今、違和感を覚えているのは、現実社会に落とし込めないからでしょう？

 だって、定規に$\pm\sqrt{\frac{5}{2}}$って書いてあるワケじゃないですから。
一体どのくらいの大きさなのか、わかりづらい……。

 ヘ？ 電卓を使えばいいじゃないですか。

 え〜〜〜。電卓ぅ？ ズルじゃないですか？

 いえいえ。
数学って、**考えてもラチが明かないものとか、割り切れない数字みたいに扱いづらいものを、仮想的に導入した記号をうまく使いながら一時的に扱いやすくして、ガンガン計算をしていって、最後の最後に面倒なところは電卓に頼ればいいっていう世界**なんです。
なので、**どんどんズルしてください**。

 なるほど……巨人の肩を借りて、テクノロジーの力も借りて、数学に少しでも慣れ親しむ、と。
そう言えば、円周率のπ（パイ）とかもそうでしたね。

じゃ、実際に電卓で数字にしてみましょうか。
iPhoneユーザーですか？

 はい。

 画面位置のロックをオフにして、電卓アプリを立ち上げて、画面を横にしてみてください。

 えーーっと。あ！すごいボタンが増えた！

 これ、関数電卓って言うんですけど、ルートもパッと答えが出ます。「5÷2」のあと「$\sqrt[2]{x}$」のキーをタップしてみてください。

 わ、出た！
1.58113883008419……！

 これが解答。現実社会に落とし込むなら、「1.6くらいかな？」で十分でしょう？
これで、**代数は中2まで終わりました♪**

> 教授のつぶやき

学校の数学が大幅に変わる！

　知っていますか？　あと数年で、中学校と高校の教科書が変わることを。特に高校が結構変わります。

　教える内容は、私が1日目に力説した「現実社会に応用できる数学」なんです。

　もともと数学は、現実世界の困りごとを解決するためのツールとして生まれたわけで、ある意味、原点回帰したということ。

　実は私、20年前から「応用をやったほうがいい」「今の教え方だと数学嫌いが増えるだけだ」と主張してきたんです。

　学校のカリキュラムを見てみると、今までは、現実世界とは距離を置いた「抽象的で美しい数学の世界」を中心に教えていました。

　この犯人が、20世紀初頭ドイツの数学界のトップだったヒルベルト博士という人。彼が「数学は抽象化すべきだ」って宣言しちゃったんです。

　もちろん、純粋さを追い求めていくことで、数学が発展した側面もありますが、以降は、数学の分野では現実世界はおざなりにされて、超・抽象化路線が主流になってしまった。

　その結果、一般の人にとっては教科書がつまらなくなり、多くの日本の生徒を苦しめることになったワケですが、最近になって、文科省も「いや、そうは言ってもやっぱり現実で使えないと意味がなかろう」と思い始めたんです。それでようやくカリキュラムの改訂に至りましたが、本当に長い道のりでした。

　もちろん、「数学の教科書を変えよう！」という点で言い出しっぺの私も、次世代の教科書づくりに参加していますよ！

3日目　いきなり！　中学数学の頂点「二次方程式」をマスターする!!

ズレを極めて、中学数学のラスボスを撃破！

二次方程式の「因数分解」と「解の公式」に悩まされた人も多いはず。
ここではその2つをまったく使わずに解く最強の技を伝授します！

➡「両ズレ」「片ズレ」の法則

じゃあ、いよいよラストステージに突入しますよ。
もう中学3年生。青春はあっという間に終わりますね（笑）。

とりあえず3時間めで、「負の数」と「平方根」というアイテムを入手したおかげで「□×□＝3」とか「□×□＝4」といった二次方程式は解けるようになりました。

それぞれ答えは……。

「$\sqrt{3}$と$-\sqrt{3}$」、「2と-2」です！（ドヤ！）

お、わかってますね〜。
次にやるのは2つのクイズです。

① □ × (□ + 1) = 4
　　↳ □から少しズレてる

② (□ + 2) × (□ + 1) = 4
　↳ □から少しズレてる　↳ □から少しズレてる

①②とも、□に足し算が付いていて、**ちょっとズレている**。ここが今回のポイント。①の式は□が1つだけズレていて、②の式は□が2つともズレているので、①を「**片ズレ**」、②を「**両ズレ**」と呼びます。

ズレ？？？ 正式な数学用語ではない？

世界初です。**だって今、思い付いたんで（笑）**。で、右辺はいずれも「**4**」だと。解き方わかりますか？

うーーーーーん。

うなるしかないですよね（笑）。特に②の両ズレ。実はね……
コイツが中学数学のラスボスです。

コイツ →

出たな！！！

じゃあ、実際に解いていきましょう。まず①の片ズレの式である「□×(□+1)=4」。これ、見覚えありません？

 あっ、「分配法則」(93ページ)が使えるじゃないですか！（ドヤ！）

 完璧じゃないですか！これを分配してみると、

〈片ズレの式を解こう〉
□×(□+1)　　=4
→これらを分配法則に従って分配すると……
□×□　+　□×1 = 4
□×□　+　□　　= 4　………①

こうなるのはわかりますよね。片ズレだとこう変形できます。

とりあえずいったん横に置いて、両ズレの式も見てみましょう。

〈両ズレの式を解こう〉
(□+2) × (□+1) = 4

 ここで勘の鋭い人は、「両ズレも、もしかしたら分配法則を使えるんじゃないのか？」って見えてくるワケです。
どうですか？見えてきそうですか？

…………いえ。何1つ見えてきません……（汗）。

ポイントは、何度も話に出ている、「かたまり」です。

あ、なるほど。(□+2) をかたまりとして見てみると……。

そう。(□+1) でもいいんですけど、とりあえず (□+2) をかたまりだと考えると、分配法則の式と同じ。だから……

$$(□+2) \times (□+1) = 4$$

↓それぞれとかけて、分配できる

$$(□+2) \times □ + (□+2) \times 1 = 4$$
$$(□+2) \times □ + □ + 2 = 4$$

すると、左の (□+2)×□ にまた分配法則を使える式が出てきましたね。これも式変形しておきましょう。

$$(□+2) \times □ + □ + 2 = 4$$

↓分配法則が使える

$$□ \times □ + 2 \times □ + □ + 2 = 4$$

「計算面倒くさいな〜」と思ったら、**手首の筋トレと考えてください**。ここで舞うように解いていく感覚が楽しめる人は、数学者の道に進めます（笑）。

 僕は手遅れですが（笑）。

 さて、この左辺の真ん中にある**「2×□+□」**って、中1数学の後半（74〜75ページ）で勉強しましたよね。

 ありましたね……確か、□が2個＋□が1個ってことだから……□が3個で、**「3×□」**とまとめられる。

 その通り！**「3×□」**です。あとは**「＋2」**を右辺に移項すると、

$$□×□+\underline{2×□+□}+2=4$$
まとめられる
$$□×□+3×□\boxed{+2}=4$$
右辺に移項
$$□×□+3×□=4\boxed{-2}$$
$$□×□+3×□=2$$

になります。これが両ズレの別の表記の仕方です。
先ほどの片ズレは①**「□×□＋□＝4」**という式に変形できた（112ページ）ワケですが、形は似てますよね。

結局、**こういう形の式を解ければ二次方程式って終わり**なんです。

⇨ **「同じ数のズレ」にすると、方程式がカンタンになる！**

さ、いよいよフィナーレ！最終決戦です!!
ただ、ラスボスだけにものすごい閃きが必要なんですが……先にその「閃きの正体」を明かしちゃいましょう。
「両ズレで、かつ同じ数だけズレていたら解けるかも……！」 と閃めいた人がいるんです！

**……ちょっと、
何言ってるかわからない（笑）。**

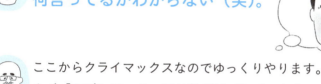

ここからクライマックスなのでゆっくりやります。
まず**「両ズレで、かつ同じ数だけズレていたら」ってどういうことかを説明します**ね。たとえば、こういう式があったとしましょう。

〈両ズレで同じ数ズレている式〉
(□+1)×(□+1) = 4

これって先ほど見た両ズレで、なおかつ同じ数だけズレている二次方程式ですよね？「＋1」だけズレている、と。

(□+1)×(□+1) = 4
→ 2つとも「+1」だけズレている

はい、そうですね。

で、(□+1)を「かたまり」とみなして、仮に◎と置いてみましょう。こうなりますよね。

> (□+1)を◎と置くと……
> ◎×◎=4

あ……これ、平方根ですね。中2（98〜101ページ）でやった。

そう。◎同士を掛け算したものが4ですから、◎は「±√4」。つまり、◎は「2」か「−2」ということ。
で、◎を元の□+1に戻せば、次のような式が2つ成り立ちます。

> ◎=2, −2
> 一方、
> (□+1)=◎
> と置いていたから……
>
> ｛ 式a　　□+1=2
> 　式b　　□+1=−2

これなら簡単に答えが出ますよね？ aは「1」ですし、bは「−3」です。もともとは1つの二次方程式だったものが、いつの間

にか **a、b という2つの一次方程式に変わった**んです。

え？ あれ？？？ ホントだ……（いつの間に！）

この一次方程式への奇跡的な変換は、あくまでも「同じ数のズレ」じゃないとできません。ここが大事なポイント。
「違う数のズレ」だとダメなんです。

▷ **「同じ数のズレ」の式に変形してみよう！**

でも、今のはたまたま「同じ数のズレ」の式だったから解けただけですよね？ 全部が全部、そんなうまくいきませんよね〜。

いや、ここで逆の発想をしてください。
「二次方程式があったら、同じ数のズレの式になるように変形してしまえばいい！！！」と。

ほーーーー、スゴイ！ そんなことができるんですか？

で・き・る・ん・で・す。 実際にやってみましょう。まず一般的な二次方程式というのは、こういう形。両ズレとか片ズレの形にはなっていません。

〈同じ数のズレの式に変形してみよう〉

□×□ ＋ 4×□ ＋ 3 ＝ 0
　二次　　　一次　　　0次

中2のところで説明したように、「□×□」は二次、「4×□」は一次ですよね。+3は□がないので0次と言います。こうやって二次方程式の多くは、二次と一次と0次が混在しています。今、注目してほしいのは、この二次と一次の部分だけ。0次の「+3」については、いったん忘れちゃってください。

で、今から「□×□+4×□」の部分を「同じ数のズレの式」に変換していきます。

ここでポイントになるのが、一次の「4」という数字。
この「4」の「半分の値」である「2」を使えば、同じ数のズレの式がつくれるんじゃない？という仮説を思いついた人がいるんです。
つまり、(□+2)×(□+2) に近い形に持っていけるんじゃない？と。

 マジっすか（世の中には、スゴイこと考えるヤツがいるな）。

 じゃあ、試しに (□+2)×(□+2) を分配法則で展開してみましょう。次のようになります。

$$(□+2)×(□+2)$$

分配法則を使うと……

$$=(□+2)×□+(□+2)×2$$

もう1回分配法則を使うと……
$$=□×□+2×□+2×□+4$$
一次の部分を足し算すると……
$$=□×□+4×□+4$$

どうでしょう……？2つの式の違いは何ですか？

どこが違う？

- 元の式（118ページ）
  $$□×□+4×□$$

- $(□+2)×(□+2)$ を展開した式
  $$□×□+4×□+4$$

……「+4」の部分、ですよね。

そう、だから、「+4」**が邪魔だな〜、よし！引いてしまえ！** と考えたんです。

3日目 いきなり！中学数学の頂点「二次方程式」をマスターする!!

……え、さっきから雑すぎません？

今、邪魔になっている「＋4」。
これは先ほど「(□＋2)×(□＋2)」という式を展開したときに、出てきた「2×2」の結果です。

(□＋2)×(□＋2)
(□＋2)×□＋(□＋2)×2
　　　　　　　↑ここで出てきた！

つまり、「4」の半分の値である「2」を2乗したものです。「両ズレでなおかつ同じ数のズレの式」を分配法則で展開していくと、このかけ算は必ず出てくるので、これを引けばスッキリする。

……ちょっと、咀嚼させてください。

どうぞどうぞ。

（10分経過……）

……と言うことは、たとえばですよ？
「□×□＋10×□」という二次方程式だったら、10の半分は5なので、(□＋5)×(□＋5) という形にして、そこから5を2乗した25を引けばいいと？

すばらしい！　見事クリア!!

え、ウソ……そんな簡単な話？ まだ信じられないので、実際に展開してみていいですか？

 もちろん！ 感動を味わってください!!

 じゃ、じゃあ、やってみます……！（ゴクリ）

$$(\Box+5)\times(\Box+5)-25$$
$$=(\Box+5)\times\Box+(\Box+5)\times5-25$$
$$=\Box\times\Box+5\times\Box+5\times\Box+25-25$$
$$\rightarrow 当然「0」になる$$
$$=\Box\times\Box+10\times\Box$$

 解けたぁぁぁあ！ スゲーーーー！！！

 でしょ!?
この<u>「同じズレにする」という閃きこそが、誰でも二次方程式を解けるようにした最大のポイント</u>です。

 3段目で「5×□」が2つ出てきて、4段目でそれを足しているので、「一次の値（カッコの中）を半分にすればいいかな」って閃いたんでしょうね。
う〜ん、勘がよすぎる……！

$$(\Box + 5) \times (\Box + 5)$$
展開すると……
$$= \Box \times \Box + 5 \times \Box + 5 \times \Box + 25$$
展開すると必ず2倍になるんだから、
元の（　）内は
この部分の半分じゃないの……？
$$= \Box \times \Box + \boxed{10 \times \Box} \quad + 25$$

 じゃあ、ここまで来たので、そろそろ117〜118ページの式で置き去りにされた「＋3」を思い出してもらいましょう。
元の式は「□×□＋4×□＋3＝0」でしたね。

ということは、「□×□＋4×□」の部分を同じ数のズレに変換しながら式を展開していくとこうなります。

$$\Box \times \Box + 4 \times \Box + 3 = 0$$
展開すると……
$$(\Box + 2) \times (\Box + 2) - 4 + 3 = 0$$
→ 同じズレにするために出てきた余分な「＋4」を
　消すために「−4」を入れると、「−4＋3」になるから
$$(\Box + 2) \times (\Box + 2) - 1 = 0$$
→「−1」を右辺に移項する
$$(\Box + 2) \times (\Box + 2) = 1$$

この形にすれば平方根で解けますよね。
同じものをかけて1なら、「1」と「-1」しかないので

$$□ + 2 = 1$$
$$□ + 2 = -1$$
$$□ = -1、-3$$

 おおおおっ!!!!! あっさり解けたーーーー!

 無事、中学数学のボスキャラを倒しました!

▶ 改めて、猫の扉を設計しよう!

 あー、よかった……って、先生! コーヒー飲んでいる場合じゃありません(笑)。僕の猫ちゃんの扉っ!

 ん? あ、そうでしたね(笑)。猫問題で立てた式(69ページ)はこうでした。

$$□ × (2 × □ + 5) = 600$$
まず、「分配法則」で展開すると……
$$2 × □ × □ + 5 × □ = 600$$

これ、二次のところに付いている「2」が邪魔ですよね？なので両辺を「2」で割って、消し去りましょう。両辺に同じものを足そうが、引こうが、かけようが、割ろうが左辺と右辺は同じ値になるので、できるだけ処理しやすい形にしましょう（数学的には「払う」と言う）。すると、こんな形になります。

$$\Box \times \Box + \frac{5}{2} \times \Box = 300$$

一次のところに注目して、**「同じ数のズレの式」**に変換しましょう。分数なのでわかりづらいかもしれませんが、やることはまったく同じ。$\frac{5}{2}$ の半分は $\frac{5}{4}$ なので、（　）の中は $\frac{5}{4}$ になります。

〈改めて！ 猫ちゃんのドアをつくってみよう〉

$$\left(\Box + \frac{5}{4}\right) \times \left(\Box + \frac{5}{4}\right) - \left(\frac{5}{4} \times \frac{5}{4}\right) = 300$$

→あとで出てきて、邪魔になる部分を引く

$$\left(\Box + \frac{5}{4}\right) \times \left(\Box + \frac{5}{4}\right) - \frac{25}{16} = 300$$

$$\left(\Box + \frac{5}{4}\right) \times \left(\Box + \frac{5}{4}\right) = 300 + \frac{25}{16}$$

$$\Box + \frac{5}{4} = \sqrt{300 + \frac{25}{16}}, \ -\sqrt{300 + \frac{25}{16}}$$

→右辺に移項する

$$□ = \sqrt{300 + \frac{25}{16}} - \frac{5}{4},\ -\sqrt{300 + \frac{25}{16}} - \frac{5}{4}$$
$$□ = 16.12,\ -18.61$$

最後は電卓で（笑）。**答えは2つ出るはずですが、ここで求める□は扉の横幅なので、マイナスの値は無視してOK**です。
なので、おおよそ「16cm」が正解ですね。

あっさり、解けちゃいましたね……（ボーゼン）。
でも、よかった。猫のドアができて♡

ここが ポイント！〈平方完成〉

このように「同じ数のズレ」で二次方程式を解くやり方を、数学用語では「平方完成」と呼ぶ。

⇨ 番外編！「解の公式」は覚えなくてOK

そういえば、二次方程式の解き方で公式もあったような気がしているんですけど……**まったく思い出せないのに、めちゃくちゃ複雑なヤツだったことだけは覚えていて**（笑）。

ああ、「解の公式」ですね。
$ax^2 + bx + c = 0$ の解は……

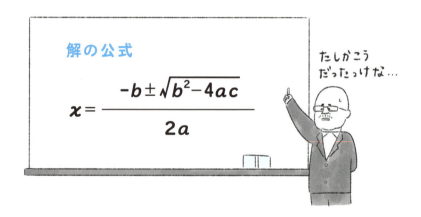

……何ですか、これ。カオスすぎません？（笑）

でも、平方完成の解き方をマスターしたんで、**まったく覚える必要はありませんよ。**

え……っ？　いいんですか？

と言うか、さっきやった手順を１つの公式にまとめたのが「解の公式」なんですよ。
まぁ、公式があるので使ってもいいんですが、この公式って覚えにくいから、計算ミスりそうじゃないですか？
私も記憶が怪しいときは、平方完成でササッと解いちゃいます。

そうなんですか〜、よかった〜〜〜。

そうそう。むしろ、ここで補足するなら、このタイミングで「わからないもの＝□」を卒業して、数学っぽい表記の方法をさらっとやりましょうか。「わからないもの＝x」を使った式でね。
書き方についてのポイントは次の３つだけです。

> **ここが ポイント!〈数学表記のルール〉**
>
> ・ポイント1……数学の世界では、わからない数字は、x、y、zで表すことがほとんど。
>
> ・ポイント2……同じ数を複数回かけ算するときは「$x×x$」なら「x^2」、「$x×x×x$」なら「x^3」と書く。ちなみに面積の単位などで使う「cm^2」も、実質的には「$cm×cm$」だから「cm^2」と書いている。
>
> ・ポイント3……文字や( )の前の「かけ算マーク」は省略する。
>   例　$4×x → 4x$，　$4×(2-x) → 4(2-x)$

 へ……っ？ これだけ……ですか？

 そう、たったこれだけ。よって、さっきまで□で一生懸命書いていた式は、こう表すことができます。

> 数学っぽくxにしてみよう！
>
> 〈before〉
> $2×□×□+5×□+8=0$
>
>
>
> 〈after〉
> $2x^2+5x+8=0$

あぁ、□もたくさんあるとゴチャゴチャしていたので、かえってスッキリしたかも……。
ただ、急に数学っぽくなりますね。

 これは慣れるしかないですね〜（笑）。

> 教授のつぶやき

マニア垂涎のn次方程式が、ビッグデータに生かされている

よく、紙の世界を二次元、立体の世界を三次元などと表現することがありますが、二次方程式が面積、三次方程式が立体だけを扱っているワケではありません。2つの要素がかけ算の関係にあれば「二次方程式」だし、3つの要素のかけ算なら「三次方程式」になるというだけ。

本書でも何度も話しましたが、私も普段扱うのは三次までで、ほとんどは二次。大学以降の数学で習う四次、五次……n次なんていうものは、「マニアが喜ぶためにやっている」イメージだったりします(笑)。

ただ、n次を研究する人たちがいてくれたおかげで、これが人工知能(ビッグデータ)に生かされているんです。
たとえば、「40代」「男・女」「既婚・未婚」「子どもの有無」の分析をするとなると、複数の次数(要素)でないと対応できません。

さらに、商品をレコメンドするときなどは、もっと「買ってくれそうな人探し」の精度を上げていく必要があります。
「趣味」「購買履歴」「出身地」「年収」「家族構成」といったデータの要素をどんどん増やしていけば、解析の精度が上がるワケです。
それを可能にするのがn次なんですね。

LESSON 5

3日目 5時間目

カンタンだけど、限定的。因数分解による二次方程式の解き方

中学数学では散々出てきたものの、現実世界ではなかなかお目にかかれない因数分解。解き方と概念をサラリと説明します。

⇨ **現実世界ではめったにお目にかかれない「因数分解で解く二次方程式」**

 あと、中学数学の代数だと因数分解もやるんですよ。「この二次方程式を因数分解で解け」とか。ただ……。

 ただ？ 何ですか？

 受験でしか使わないんですよねぇ。
因数分解って確かに簡単に解けるんですけど、**使えるケースがめちゃくちゃ限定される**んです。
同じ数のズレで解く方法が最強なので、ここはスルーしてもいいんですが。まあ、一応ササッとやりますか。
まず簡単なクイズから。

$$△ × □ = 0$$

この△と□の値って、何となく想像が付きますか？

えっと……どっちかが 0、ですよね。

そうですね。**「何かに 0 をかけたら 0 になる」という黄金のルール**があるので。両方とも 0 という可能性もありますが。まあ、これはすぐにわかると思います。
でも、もし右辺が 1 だとしたら、式としてはシンプルで似てますけど、全然答えがわからなくなります。

「1 × 1」も「2 × $\frac{1}{2}$」も「3 × $\frac{1}{3}$」も、答えは「1」ですもんね。

可能性が無限にある。
だから右辺が「0」というのがポイントなんです。
因数分解で二次方程式が解けるケースはこのように**「何かと何かをかけたときの右辺が 0 のとき」にしか使えません。**

へえ〜〜〜。

「何かと何かをかける」と言いましたが、今、解こうとしているのは二次方程式ですよね。
二次方程式で「△×□」みたいに純粋にかけ算だけの形になるって、どういう式か想像が付きますか?

いや、全然。（キッパリ）

え、あの、さっきやったばかりの……。

ああ！片ズレと両ズレ。

そうです（あー、ビックリした）。$(x+1)×(x-2)$ みたいな形です。ちなみに（　）同士のかけ算の「×」マークも省略できるんですが、わかりやすくするために残しておきますね。
で、$(x+1)×(x-2)=0$ とすると、

$$\underbrace{(x+1)}_{a} × \underbrace{(x-2)}_{b} = 0$$

→ a、b どちらか（a、b いずれも）が0になる。
つまり、
$$x+1=0$$
あるいは、
$$x-2=0$$

これってただの一次方程式なので、$x=-1$ もしくは $x=2$ という解が導き出せます。二次方程式なので答えは2つあるというのは同じです。

はい……。で、何の話でしたっけ？

ちょ（笑）。$(x+1)×(x-2)=0$ みたいな式が出てきたら、平方根とか解の公式みたいな複雑な計算を使わずに、いきなり一次方程式に変形できるのでめっちゃ簡単！という話です。

でも、そんなケースは滅多にない、と。

たとえば面積を扱っていて、「縦×横＝0」ってないじゃないですか。「**面積ゼロって、何だよ**」ってなりません？（笑）

でも、こんな式に遭遇する可能性はなきにしもあらずで、二次方程式を解いていて「あ、これ因数分解で解ける！」と気が付けば、ラッキー。**解の公式みたいな複雑なことをしなくても、サクッと解ける**から。

ふぅん。
でも、二次方程式の問題って $ax^2+bx+c=0$ みたいな形が多いじゃないですか。これをわざわざ両ズレの形に変換して、右辺が0になるかチェックしないといけないということですか？

そうなんです。そこなんです、肝は。だから今のがイントロ。ここからが本番です。と言っても一瞬で終わりますけど。
$(x+1)×(x-2)$ という式を実際に展開してみましょうか。

$(x+1)$ をかたまりとみなして、分配していくんでしたよね。

それでもいいんですが、手首の省エネのために、ここで便利な決まりごと、「多項式のかけ算」を教えましょう。

> **ここが ポイント！〈多項式のかけ算〉**
>
> $(a+b)×(c+d)$
> $=a×c+a×d+b×c+b×d$

あぁ、何かこれも、昔やった気がするなぁ……（遠い目）。

これは忘れても大丈夫です（笑）。
これ、$(a+b)$ を「かたまり」とみなして一生懸命計算していっても最終的にはこの形になるので、覚える必要はありません。実際に展開しますね。

$$(x+1) \times (x-2) = 0$$
$$x^2 - 2x + x - 2 = 0$$
$$x^2 - x - 2 = 0$$

で、こういう二次方程式を見たときに、「これが因数分解で解けるかどうか？」を見分ける方法は、**「かけ算したら－2で、足したら－1になる組み合わせってあるかな？」**というミニクイズみたいなものを解くんです。
こんな感じで……。

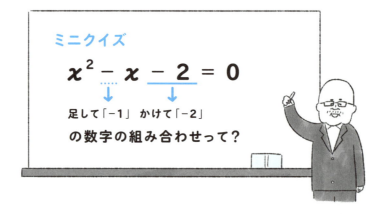

ここで説明をしやすくするために $x^2+ax+b=0$ という式だとすれば、ミニクイズは「かけ算したら b になって、足したら a になる数字の組み合わせはないか？」ということです。

……何でそういう組み合わせなんですか？

そうですよね。ここで先ほどの多項式のかけ算をまた思い出してほしいんですけど、こういう式でしたよね。

ここが ポイント！〈多項式のかけ算〉

$(a+b)×(c+d)$
$=a×c+a×d+b×c+b×d$

今は両ズレの2次方程式の話なので、この a と c が x なんです。$(a+b)×(c+d)$ の式が、$(x+b)×(x+d)$ の式になるワケですね。

$(x+b)×(x+d)$
を展開すると……
$x^2+bx+dx+bd$
一次の部分の x をまとめると……
$x^2+(b+d)x+bd$
　　　→ 一次は足し算　→ 0次はかけ算
になる。

0次がかけ算で、一次は足し算ですね。この組み合わせを探し出す、と。

そうそう。この b と d の組み合わせを探したいんです。じゃあ実際に、ランダムにやって見ましょう。

〈因数分解で解けるかな？①〉
$x^2 + 6x - 4 = 0$

この二次方程式が因数分解で解けるか……ですが、適当に書いたので私も結論は知りません。答えを探すポイントは、最初に0次の値をチェックすること。
これだと「−4」ですね。かけ算をして−4になる組み合わせをとりあえず書き出してみましょうか。

〈かけ算で答えが「−4」になる組み合わせは？〉
1と−4　　　−1と4
2と−2　　　−2と2

これって考えるしかないんですか？

残念ながらそうです。 いわゆる**約数**（※ある整数に対して、その数を割り切ることができる整数）を考えて、プラス、マイナスの符号を考えるという流れです。
これは「頭の体操」と割り切ってやるしかない。

あと、1、-4 という組み合わせを考えたら、-4、1 という組み合わせは無視してもいいんですか？

順番は無視していいです。かけ算をしても、足し算をしても同じ結果になるので。次に、**これらの数字の組み合わせの足し算が「6」になるものがないかと見ていく**んです。

> 〈足し算で答えが「6」になる組み合わせは？〉
> 1と-4　　-1と4
> 2と-2　　-2と2

この中に解はありません。つまり、**因数分解では解けない**ということがわかりました。

「同じズレ」方式でやらないといけない？

「今日はついてないな〜」と思いながら、「同じズレ」（平方完成）でコツコツ解くしかない。
じゃあ、こんな式だったら？

> 〈因数分解で解けるかな？②〉
> $x^2 - 5x + 4 = 0$

えっと、かけ算して 4 になる組み合わせは……

〈かけ算で答えが「4」になる組み合わせは?〉

1と4 　　−1と−4
2と2 　　−2と−2

足して−5になるのは……−1、−4の組み合わせですね。

〈足し算で答えが「−5」になる組み合わせは?〉

1と4 　　−1と−4
　　　　　→足したら「−5」になる!
2と2 　　−2と−2

正解。ということはこういう両ズレの式に持っていけるとということですね。したがって

$$(x-1) \times (x-4) = 0$$

因数分解で解ける……!!

そうです。この左辺のかたまり $(x-1)$ と $(x-4)$ のどちらかが0になるワケですから……

$$x - 1 = 0$$
$$x - 4 = 0$$
つまり、
$$x = 1、4$$

と、超簡単な一次方程式になり、答えが出せます。
繰り返しますが、ポイントは、次の2つです。

①まず0次の数を見て、その約数の組み合わせを考える。
②思い浮かんだらその和（足し算の答え）が、一次のxの前の値になるかを見る。

じゃあ、実際にはさっきみたいに全部書き出さなくてもいい？

慣れないうちは書いてもいいですけど、そこまで複雑な組み合わせはまずテストに出てこないので。数字も基本は整数ばっかりですから。それに、万が一その組み合わせに気が付かなくても、どうせ**最強の武器「平方完成」で解けます**。

これってテストだとどういう形で出題されるんですか？

「この二次方程式を因数分解で解きなさい」って言われるケースが多いです。

「因数分解できるよ♡」ってネタバレしてる？

完全にヤラセですよ。出題する先生としてはラクチンで、先に $(x+a)×(x+b)=0$ の式の a と b に適当に数字を入れて、それを展開したものを問題にするだけですから。

ああ、そうやってつくっているのか……。
あと、$x(x+a)=0$ みたいな片ズレだとどうなるんですか？

そうそう。
この式も形は△×□=0なので因数分解で解けるワケですが、わかりやすい特徴として片ズレの式は展開すると0次がないんですよ。実際に展開すると $x^2+ax=0$ なので、0次がない二次方程式を見たら「あ、ラッキー！因数分解で解ける！」ということです。
もちろん答えは「0」と「$-a$」になります。

これは見つけやすい。

➡ ラスボスの二次方程式を倒す3つの方法をおさらい

……ということで、これで**中学で習う数学で一番難しくて、一番重要な二次方程式が最短ルートで解ける**ようになりました。

何だか、あっさり終わりましたね。

最短ですからね。おさらいですけど、ここまで二次方程式を解く方法を、紹介してきました。
それが次の3つです。

> **ここが ポイント！**〈二次方程式の解き方〉
>
> ① 平方根で解く　→ $x^2=a$ のような単純な形なら解ける。
> ② 因数分解で解く→現実社会ではなかなか出てこない。
> ③ 平方完成で解く→どんな二次方程式も解ける。
> 　　　　　　　これを公式にしたものが「解の公式」

ここで大事なのは、**平方完成を使えばどんな二次方程式でも解ける**ということ。

来週あたりに解の公式を忘れていたとしても答えは出せるんです。「同じズレ」さえ覚えていればOKです。

 えっと……**一次の値を半分にして同じ数のズレの式にして、半分にした値の2乗を引く**、でしたね。

思い出すために、もう1回やってみます……。

〈平方完成を復習してみよう！〉

$x^2 + \boxed{4}x + 3 = 0$

　　　　　半分

$(x+2) \times (x+2) - 4 + 3 = 0$
　　　　　　　　→ 2乗した「+4」を引く

$(x+2) \times (x+2) - 1 = 0$
　→ 右辺に移項する

$(x+2) \times (x+2) = 1$
　　　　　　　　→ 2乗して「1」に
　　　　　　　　　なるのは「1」か「-1」

この形にすれば平方根で解けるから……

$x + 2 = 1$
$x + 2 = -1$

つまり、

$x = -1、-3$

2回目も、できた……！！！！！

そうです。あとは、もし「$3x^2$」みたいに、二次のところにかけ算の数字がくっついていたら、真っ先にこの「3」を払うということを忘れないでください。

そうでしたね！

一番簡単なのは、$x^2 = 3$ みたいな形で、これも立派な二次方程式です。

これは①の方法ですね。
「3」にルートを付けるだけ。

そう。**平方根を使えば一瞬で解けます。**
次に簡単なのは今やった因数分解を使って解く②の方法。
$(x+a) \times (x+b) = 0$ のように、両ズレか片ズレの式が0のときに使えます。
ただ、このような式に変形できるかどうかのチェックには、

ちょっとだけコツがいりますよ、ということです。

ということは、二次方程式を解くとき、まずは平方根で解けるか見て、次に因数分解で解けそうかチェックして、無理そうなら最終兵器の「同じ数のズレ」で解けばいいってことか！

「一応、因数分解を確認しておくか。無理だろうけど」って一縷(いちる)の望みにかけるんです（笑）。

まるで運試しですね。

本当に運ですよ。私は現実世界に即した数学を扱って約30年。毎日のように二次方程式を使いますけど、**二次方程式が因数分解で解けたのって、30年で3回しかない**ですもん。

30年で3回！！！

ハズレばかりの人生を歩んでいます（笑）。
まあ、とにかく二次方程式は明日以降でやる解析や幾何、そして高校以降の数学でも当たり前のように使います。
私も、現役バリバリで使っていますからね！
二次方程式は中学代数の最高峰であり、ゴール。
因数分解で解く方法は忘れても、平方完成での解き方だけは覚えておきましょう！

はいっ、任せてください！（2回も解けたし!!）

教授のつぶやき

映画づくりにも使える因数分解

　因数分解とは、そもそも「共通項を抽出する」ということを意味します。

　たとえば、「$3x + 6$」という式は「$3(x + 2)$」のように、「3」という共通項で括ることができますよね。

　ある式があったら、「この式って何と何のかけ算でできているんだろう？」って考えるのが因数分解なんです。

　数学ではあまり使うことがないと話しましたが、因数分解の概念は、実社会で役立てることができます。

　以前、ビートたけしさんと対談したときに「オイラは数学すごく好きなんだ。特に中学校で勉強した因数分解は映画づくりに役立ってる」とおっしゃっていたんですよ。

　映画って、いろんなシーンを撮影しないといけません。そのたびに撮影チームが移動したり、大道具さんがセットをつくったり、照明さんもセッティングしないといけないから、ものすごくお金がかかる。

　たけしさんは撮影の効率化のために、脚本ができたら同じロケーションとか、同じセットで撮影できるシーンを因数分解（抜き出）して、まとめて撮影しちゃうそう。

　たとえば食卓で会話するシーンが映画の中で5回出てくる場合、ワンシーンを撮ったら、衣装を着替えて別のシーンの撮影もしてしまうんだとか。超合理的ですよね。

4日目

サクッと理解！中学数学の「関数」をマスターする!!

LESSON 1 関数って、そもそも何……？

4日目 1時間目

数学の3ジャンルのうち「解析」を扱うのが、関数。いわゆるグラフを描いていたアレです。まず最初に、軽〜く一次関数から始めます。

⇨ 微分積分を使うのが本来の「解析」

いや〜、前回は華麗に倒しちゃいましたね。最強のボス「二次方程式」（ニヤニヤ）。もう、終わりでいいんじゃないですか？

一応、数学の「解析」「幾何」のラスボスはひと通り倒しましょう。思考体力を鍛えないとね。
今回は「解析」をサクッと終わらせます。中学数学だと**「関数」**と呼ばれているもの。**もう中学数学の頂点は前回で極めたので、残りの授業は簡単に感じるはずですよ。**

そう言われると気がラクです。ただ、**「解析」「関数」って言葉自体、僕みたいな文系からするとじんましんが……**。

確かに、一般的な用語じゃないですもんね。じゃあ、「解析」の英訳「アナリシス（analysis）」ならどうですか？

ああ、ビジネス用語としてもたまに聞きます。

ただねぇ……数学者からするとビジネスパーソンの方が「アナリシス」という言葉を使っていると違和感が少しあって。

……？どういうことですか？

数学者にとって解析とは基本的に「微分積分を使うこと」なんです。もしビジネスパーソンがデータをたくさん集めて、「こんな傾向があるかな？」みたいに感覚的に推測するだけなら、それは解析ではなく「仮説を立てているだけ」なんですよねぇ。

へぇ、そうなんですね。

その微積分を習うのが高校生。でもそこにいきなり行くと大変だろうということで、中学校の解析では、入門として一次関数（直線）と二次関数（放物線）を習うんですが、**中学で習う解析は本当に"一瞬"で終わります。**

⇨ 暴飲暴食したときの体重をグラフで表してみる

じゃあ、一次関数から行きますけど、**関数というのは式でも書けるし、グラフでも描けるのが特徴**。さっそく、一次関数のグラフを何か描いてみましょう。

ここでは「毎日暴飲暴食を続けると体重がどう増えるか？」という話にしてみますね。**暴飲暴食を続けた日数を x 日、体重を $y$kg** としましょう。

暴飲暴食の図

 ここでもわからないものは x と置く、というヤツですね。

 そう。日数と体重の関係を考えると「暴飲暴食を続ける日数が多いほど、太るだろう」というのは想像できますよね。
この関係性をグラフで表すと、**日数が増えるにつれて、体重が増えていくのでグラフは右肩上がりになりそうだな〜**って思いませんか？

 あ、たしかに。

 このように**グラフが直線で描かれるときが一番単純な形の「関係」**で、これを一次関数と言います。「**体重と日数は一次関数の関係にある**」という言い方をします。
実際には一定のペースで、1日2kgも増えないかもしれませんが、ここでは話を単純にしています。

 そうですが、人によっても体重の増え方は違いますよね。

 そうです。それがまさにここでのポイントで、たとえば普段、毎日運動している人はエネルギーを消費しているので、食べた量に対して体重の増加はゆるやかかもしれません。

逆に運動をまったくしない人は運動をしている人よりも早いペースで体重が増えていくかもしれません。

一次関数で大事なのは、傾きです。
この例だと**「どれくらいのペースで体重が増えるのか？」**ってことです。

なるほど〜。でもそれってどうやってわかるんですか？

データを取ればいいんですよ。
たとえば、最初は 60kg だったとしますよね。で、翌日体重計に乗ってみたら 62kg、2 日後には 64kg だったとしましょう。

1 日 2kg ずつ増加……。

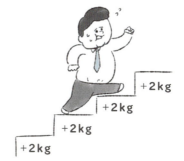

そう、それが**傾き**。

あの……僕、「傾き」って言われると、フワッとしたイメージなんですけど、もうちょっとしっくりくる表現はないですか？

「ペース」とか**「変化率」**です。
今回の場合は、「1 日ごとに体重が変化するペース」のこと。
たとえばジョギングするときのペースって「走った距離」を「要した時間」で割れば計算できますよね。

ああ、そっか。と言うか、それって「速度」のことですもんね。

そうそう。それと同じで、**「増えた体重」を「要した時間」で割れば「ペース」がわかります。**これって 2kg ÷ 1日なので、$\frac{2\text{kg}}{\text{日}}$（1日に 2kg 増のペース）だと計算できますよね。

なるほど。じゃあもし 2 日おきに体重を測っていたら……。

2 日で 4kg 増えていたら、ペースは 4kg ÷ 2 日 = $\frac{2\text{kg}}{\text{日}}$ なので、結局一緒なんです。

そっか〜〜〜。

データを取ってみて「お、ペースがきれいに一定じゃん！」と気付いたら、**3 日後の体重もすぐに想像がつきますよね……？**

1 日で 2kg 増えるなら、3 日で 6kg 増。
それに元の体重 60kg を足して 66kg!!

その通り！ **これで中 1 の関数は終わりです（笑）。**日数を x と置くと、x 日後の体重 y は「$y = 2x + 60$」という式

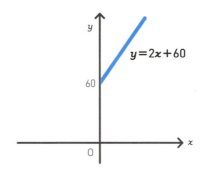

で表せます。図にするとこんな感じで、半直線になるんです。

この半直線が、x 軸より上のほうに描かれている理由はわかりますか？

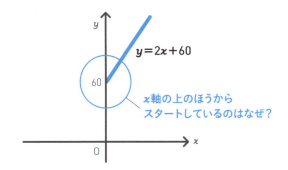

 え〜と……元の体重が0kgじゃないから？ **最初の時点の体重が60kg あるってこと**ですか？

 そうそう、**わかってますね〜**。初日、つまり x の値が０日のとき、y の値は60kgなのでグラフは **$x = 0$ かつ $y = 60$ の点からスタートしている**ということです。

⇨ 方程式と関数の違いがわかりますか？

 う〜〜ん……。
でも、二次方程式だと文字が「わからないもの＝x」みたいに1個しかないですけど、今回は $y = 2x + 60$ みたいに、y もあるんですよね。
このへんがよくわからなくて、正直モヤモヤしているんですよー。

 お、いい質問ですね！ それこそが **「関数と方程式の違い」** につながる大事なところです。

151

うう……**方程式と関数の違いもサッパリ**で。

方程式は代数、関数は解析の話なので、全然違うんですよ。
ただ、これって学校の先生でもちゃんと説明している人は少ないと思うので、知らないのも仕方がないですが。

まず、**方程式の目的って「特定の条件」のときの x の値を求めること**でしたよね？

ええと……（汗）。特定の条件って何ですか？

「関係性を示す式」が成り立っていて、なおかつ「x 以外の数字がわかっている」ときです。
たとえば $x^2+3x+4=0$ という式があるとしたら、それは関係性を示す式があって、なおかつ x 以外の数字がわかっていますよね？ あとは、**機械的に方程式をいじって解けばよかった**。

はい。

一方の**関数は、「関係性を示す式」そのもの**なんです。
今回は**体重と日数の因果関係を示す式**として $y=2x+60$ という式を立てました。
これは関数であって、方程式ではありません。

関係を示すのが、関数……。

3日後の体重が知りたかったら、日数 x を 3 に置き換えて体重 y を計算すればいいし、体重が 70kg になるのが何日後か知りたかったら、体重 y を 70 に置き換えて日数 x を計算すればいい。

関数の関係性に、日付けや体重が特定された（3日後とか70kgとか）ときに、初めて方程式になるということです。

あ！ ホントだ。 x か y、どちらかが特定されると、形としては文字が1つで方程式になりますね。

「関数」で、特定の条件下の値を計算するときは「方程式」を使うんです。
グラフが目の前にあれば定規とかを使って「何とな〜くの値」はわかりますけど、厳密な値を知るには方程式を使うしかないんです。

> **ここが ポイント！〈方程式と関数の違い〉**
>
> ①方程式→特定の条件下における x（わからないもの）について解くこと
>
> ②関数→関係性そのものを表す（条件が定まったときは、方程式になる）

グラフの線は「変化」を表す

ビジュアル的に説明すると、**関数は「線」、方程式は「点」を表現するときに使うもの**という言い方もできます。

たとえば今回は1日後が62kg、2日後は64kgというデータがあったワケですが、これってグラフで言うと点じゃないですか。$x=1$、$y=62$ という点と、$x=2$、$y=64$ という点。

これが100日分くらいのデータを取って、グラフ上にこうした点をたくさん描いていったら……、そのグラフって、線に見えてきそうだな、と思いませんか？？？

たしかに……。
点が集まって、線になっている感じ。

そのイメージを大事にしてください。
関数は紙に書いたりするときはどうしても線として描かないといけませんが、細かく見ていくと点の集合体とも考えられる。

直線を顕微鏡でどんどん拡大していくと、点が見えてくる……。

それこそが、解析の基本的な考え方です。もっと言うと**関数の線は、傾きの集合体**とも考えられるんです。

え？（何を言い出すんだこの人……）

モロに「何を言い出すんだこの人」って顔になっていますけど(笑)、**高校の微積分で超重要になる概念**なので頭の片隅に置いておいてください。

解析という分野は、**1つの点の周りにどれだけ他の点が密集して、どういう状態で配置されているかを「解析」するもの**なんですよ、イメージとして。
たとえば、二次関数以降になると曲線になるんですが、曲線ということは傾きが一定じゃないんですよ。

あぁ、そうか。じゃあペースが速くなったり遅くなったり……。

そう。もしくは止まったり。
そういう曲線を正確な式で表すには、点と点を見ていくだけでは限界がある。できるだけ連続的に曲線の変化率を見ていかないといけない。
そのために微積分が生まれたようなものなんです。

そもそも現実社会では「どう変化していくか？」を観察して、関数で表現するほうが大事なんです。

なぜですか？

応用が利かないからです。
x が 1 のときに y は 3 になるというデータがあったとしても、それだけだと全然使い道がない。**x が 2 になったら y も 2 倍になる保証などないですから、応用が利かない状態です。**

だからもし他の x のときの y の値も知りたければ、データをもっと取って「どう変化していくのか？」ということをつぶさに観察して、式を考えないといけないんです。

式を立てることが大事、って話でしたね。

そうそう。
実際、私の普段の仕事って膨大なデータをもとにグラフをたくさん描きながら「こんな感じになるかな？」と関数の式についてアタリをつけていく感じです。

意外！ そこは全然スマートじゃないんですね〜。

めちゃくちゃアナログですよ。
そうそう、今やった関数の傾きのことを高校では**「微分係数」**と呼びます。

またそんな難しい言葉を……。
先生、もしや自慢……？

いやいや、そうじゃなくて（笑）。
今後、「微分係数」という言葉が出てきたときにたじろぐ必要はないですよ〜とお伝えしたかっただけで**響きは難しそうだけど「傾き」と概念は同じで、「その線の変化するペース」**のこと。
中学では微分積分を習わないので「傾き」という言葉でお茶を濁しているだけなんですよ。

> 教授のつぶやき

今が旬！のデータサイエンティストが学ぶ「統計・確率」

　数学は代数（数と式）、解析（グラフ）、幾何（図形）に分けられると話しましたが、実は「その他」として分類される「確率と統計」があります。

　本書で説明しなかったのは、教科書でもおまけの扱いですし、中学ではかなり簡単なことしかやらないのでボスキャラも見当たらず、基礎知識だったらネットで調べた情報で事足りる気がしているからなんです。

　ちなみに確率と統計の多くは「解析」（データや統計解析の分野）に含まれており、残りは、「代数」に含まれます。
　そもそも数学界では、解析の王様は「微積分」、代数の王様は「整数論」なので、「統計」を研究する人が少ないのが現状でした。

　数学界では「おまけ」みたいな扱いを受けてきた統計ですが、AIやビッグデータの話が出てきてからはデータサイエンティストが重要視されるようになり、一般社会では、今や「旬の学問」と言えます。
　教科書と同様に、数学界も変わっていっているワケですね。

4日目　サクッと理解！ 中学数学の「関数」をマスターする!!

二次関数の世界へようこそ！

LESSON 2時間目　4日目

一次関数は「どう変化していくか？」のペースが一定で単純な動きでしたが、二次関数ではそれが少し複雑になり、現実世界への適用力が高まります。さっそく見ていきましょう。

⇨ 100年後にはいくらになる？ 金利の計算をしよう

お次は二次関数なんですが、いきなり中3に行きます。中学校だと「放物線」という名前で表現することが一般的です。

今度はお金の話にしてみましょうか。
たとえばある投資をしたら、1年後は2万円増え、2年後は元金から8万円増え、3年後には元金から18万円増えていたとしましょう。「じゃあ100万円増えるのは何年後かな？」「10年後はいくら増えるのかな？」って計算したくなりません？

それはもう、必死に計算します！

ですよね（笑）。じゃあどう計算するか？
現実社会の数学で大事なことは**関係性を考えること**だと言いましたよね。
だからここで少しがんばって**「増加額と年数との間にどんな関係があるのか？」**というのを考えてみましょう。

えっと……じゃあ、とりあえず点を3つ描いていいですか？

もちろん。で、ざっくりと点同士を線でつなげてみましょう。

あれ……？ なめらかに見えるようにするには、線を曲げないとつながらない……。

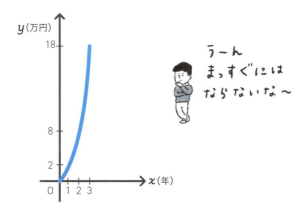

そう。なぜ曲がるんでしょうか？

「**増えるペース」が一定じゃない**から……？（おそるおそる）

正解！ ここも超重要なポイントで「関数にかけ算が含まれると必ず曲線になる」という性質があります。
ちなみに今のが大きなヒント。
逆に、**かけ算を含まない関数は必ず直線、つまり一次関数になります。**

えっ？でもさっきも傾きと x をかけ算していたような……。

 おっと失礼。**「変数同士のかけ算が含まれると、必ず曲線になる」** に言い換えます。$2x$ ではなく、x^2 みたいな世界です。

> **ここが ポイント！〈一次関数と二次関数の違い〉**
>
> **一次関数**→変数同士のかけ算が含まれないもの
> 例：$y=2x$, $y=-2x+30$
>
> **二次関数**→変数同士のかけ算が含まれるもの
> 例：$y=2x^2$, $y=-2x^2+30$

 なるほど……。1年後2万円、2年後8万円、3年後18万円、……はいはい！そのヒントでわかりました。y は「年数の2乗×2」だ!!

 すばらしい！年数を x 年、増えた金額を y 円とすると。式としては「$y=2x^2$」になります。
コツとしてはまず単純なかけ算で、アタリをつけるんです。ここでは「年数×年数が関係してくるかな？」と気付けるかどうかがポイント。
仮にそうだとして1年後の「1×1」と2万円の関係、2年後の「2×2」と8万円の関係、3年後の「3×3」と18万円の関係を見ると、「あ、年数の2乗に2をかけたものじゃないか」とわかるわけです。

 フフフ……**お金の計算ならヤル気倍増です！**

式が立てられたので、次は「100万円増えるのは何年後か？」を調べてみますかね。

先ほど立てた式の y が増価額なのでそこに100を代入すると、「$100 = 2x^2$」という二次方程式になります。あとはこれを解けばいいんです。ちょっとやってみましょう。

もう、解けますよね……？

$$100 = 2x^2$$
$$50 = x^2$$
x は $\pm\sqrt{50}$ だが、ここでは正の数（年数なので、負の数にはならない）なので
$$x = \sqrt{50}$$

これが数学的な解です。でも、実生活でルートと言われても困りますので、$\sqrt{50}$ はどれくらいか考えて見ましょう。

えっと……約7？？？

そうですね。**7×7＝49** なので、ほぼ7年後だとわかります。
はい、これで中学の解析（関数）は終わりました。

……へ？終わりですか？**これだけ???**

実際にこれくらいしかやらないんですよ。

……本当に一瞬で、驚きました。でも、最初に式を立てたときってほぼ直感じゃないですか〜。

そう、**しかも世の中の数字はここまで簡単じゃない。**
中学数学で扱う関数は二次関数の中でも $y=ax^2$ という一番簡単なものに限定されるので、少し頭を使えばすぐに式は立てられますけど、我々も何かデータを見たときに「あれ？ これって二次関数っぽくない？ 少しがんばって規則性を見つけようかな〜」といった同じようなことをしているんです。

う〜ん、**想像以上に泥くさい作業**だなぁ。

複雑な曲線でも二次関数で表現できる

ここで示した**二次関数の曲線**、つまり**放物線**が世の中に存在する最もシンプルな曲線です。**U字でピークが1つしかなくて左右対称なもの**ですね。
x^3 が式に含まれる三次曲線になるとU字のピークが2つに増えて大文字のNみたいにグネグネしてきます。四次関数になるとピークが3つ。

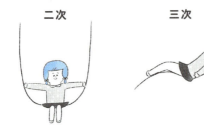

でも、不思議なことに、**世の中ってだいたい二次関数で近似できちゃうんですよ。**

「近似」できちゃう……???

要するに、**一見どれだけ複雑な曲線でも、短い範囲だけを見たらほぼ二次関数でその傾きを表せてしまう**ってことなんです。たとえば今適当に複雑な曲線を描きますね。

これ、形としては三次関数、四次関数どころか、十次関数くらいになっていますけど、この曲線を細かく分けて見ていけばいくほど、より低い次数、つまり一次とか二次の関数で表現できるんです。

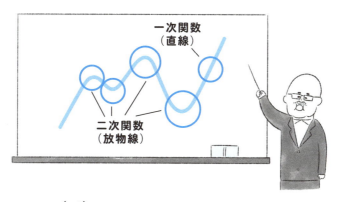

へ―――（×3）。

たとえば三次関数を細かく分解してみれば二次関数の組み合わせで表現できるし、**めちゃくちゃ細かく見ていけば一**

次関数でも描けるんです。

すごく短い直線の集まりということですね。

そうそう。こうやって曲線をより低い次数の関数で見ていくことを「テイラー展開」と言って、大学1年生で習います。

今の話って、証券会社のアナリストが1年後のマーケットを予測することはメチャクチャ難しくても、時間軸を細かくして「5分後の未来」だったら予測しやすくなるみたいなことですか？

おっしゃる通り！1分後だったら二次関数で予測できるかもしれないし、1秒後だったら一次関数で予測できるかもしれないんです。解析する時間の幅が短いとどんどん次数が下がっていって、中学レベルの数学で解けるようになるんです。

➡ 高校で習う二次関数を先取り！

あと、さっきやった二次方程式って $ax^2 + bx + c$ みたいに二次と一次と0次の塊が混在する形でしたよね。これを二次関数で表すとどんな曲線になるかって、教えないんですか？

教えないんですよ、なぜか。高校に持ち越すんです。

すごく中途半端ですね。代数では二次方程式を一通りやるのに。

そうなんです。
実は中学で扱う $y = ax^2$ という形の二次関数だと、全部、ルートだけで解けちゃうんです。

二次方程式の一番簡単な解き方でしたよね。

そうそう。せっかく平方完成でどんな二次方程式でも解けるようになったのにもかかわらず、もったいない。

じゃあ、もしよければサクッと教えていただけませんか？

おっ、いいですね〜、その熱意。 じゃあ、やっちゃいますか！
式は $y = ax^2 + bx + c$ だとして、まず簡単なものから行きましょう。
最初は a から。「ax^2」の a がマイナスだったら、U字の曲線がそのまま下にパタンと倒れます。
これが1つの特徴。**曲線が谷（U字）だったら a は正の数。山（逆U字）だったら負の数**だな、と思ってください。

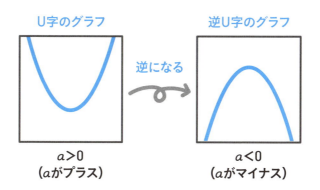

曲線の右半分だけ見て、a が正の数ならどんどん上昇して、a が負の数ならどんどん下降するとイメージしてください。

ああ、そうやって考えればわかりやすい！

次は c。x が絡んでこない **0次の数字**ですね。**この数字で曲線の上下位置が決まります。**たとえば $y=2x^2+1$ なら、下の図のように、$y=2x^2$ のグラフを上に 1 移動したものです。なぜなら x がどんな値であったとしても、y の値を計算するときに必ず 1 を足し算するからです。これは一次関数でも同じですね。

▶二次関数の
　上下移動

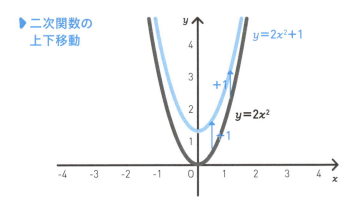

ここが ポイント！〈二次関数のグラフ①〉

① ax^2 の a がプラスなら谷（U字）の形、マイナスなら山（逆U字）の形になる
② $y=ax^2+bx+c$ の c（0次の数字）で上下の位置が決まる

じゃあ、グラフの左右移動ってどんなときに起きるんですか？

まず結論から言うと、たとえば $y=3x^2$ のグラフを左に 1 ずらしたいなら $y=3(x+1)^2$ にすればいいんです。

もともと x だったところが $(x+1)$ になっている……。

▶二次関数の左右移動

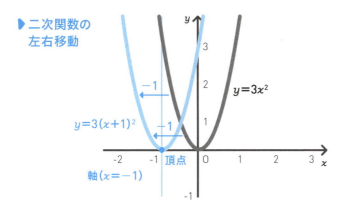

 そう。xにどんな値が入ろうと毎回1を足し算するので、グラフ自体あらかじめ左に1だけ動かしておくんです。

これは $y=ax^2+bx+c$ の二次関数でも同じで、この関数が右に5ズレた状態というのは、式で言うと、

$y=a(x-5)^2+b(x-5)+c$ になります。あらかじめ x から5を引いておけば、「右へ5ズレ」を表せます。ここまでわかります……？

〈つまずくポイント〉
左にズレるときは
（　）内をプラスに、
右にズレるときときは
（　）内をマイナスにする。

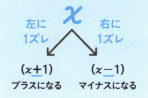

〈右に5ズレると、式はどうなる？〉

$y = ax^2 + bx + c$

↓ 右に5ズレる（−5ズレる）と……

$y = a(x-5)^2 + b(x-5) + c$

うーん……何となく……。
今の話って $y = a(x-5)^2 + b(x-5) + c$ という形で表現されているから、5 だけズレていることがわかるワケですよね？

もちろん。一般的な二次関数の式はこんなに都合よく書かれていません。だから $y = ax^2 + bx + c$ という式をそういう形に変形して行けばいいんです。
ここで何を使うかわかります？ **ヒントは平方完成で使った形**です。

もしかして……「同じ数のズレ」？

大正解！ **ここで平方完成を使うんです。**

上下の移動は簡単なのに、左右の移動は急に難しくなるなぁ……。

少しだけですよ。平方完成の復習も兼ねて説明しますね。
二次関数の基本形は $y = ax^2 + bx + c$ ですよね。
これを平方完成するにはまず二次についている邪魔な a を一時的に括ってしまいます。
先ほどのは a で両辺を割っていましたけど、今回は「=0」ではなく「=y」なので a が払えないからです。
で、a で括るとかっこの中身は $x^2 + \dfrac{b}{a} x + \dfrac{c}{a}$ になります。
これを平方完成するわけですが……どうするんでしたっけ？

一次の数字 $\dfrac{b}{a}$ を半分にする、でしたよね……。

正解。$\frac{b}{a}$ に $\frac{1}{2}$ をかけちゃいましょう。すると $\frac{b}{2a}$ で、次は……。

 余分なやつを引くんでしたよね。

 はい。半分にした $\frac{b}{2a}$ の二乗を引けばよかったんですよね。だから $\frac{b^2}{4a^2}$ を引く。あとは元からあった c を足す。最後に a をまた戻してあげましょう。
するとこんな式になります。

$$y = a\left(x + \frac{b}{2a}\right)^2 + c - \frac{b^2}{4a}$$

この式が意味するのは、

左に $\frac{b}{2a}$ だけズレていて、

上に $c - \frac{b^2}{4a}$ だけズレている

ということ。ちなみにこれは高2で習いますけど、二次方程式をマスターしているなら別に難しい話ではないんです。

⇨ **二次方程式に2つ答えがある理由が「目で見て」わかる!**

 ものすごく大事なことを1つだけ補っておきたいんですけど、二次関数のグラフって「y の値に対して x の値が2つある」って

わかりますか？ 頂点以外は。

え……わかりません。

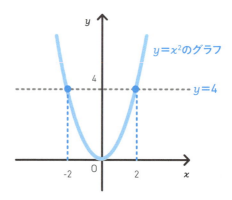

たとえば、$y=x^2$ のグラフで、$y=4$ のところに横線を引っ張ると曲線と交わる点が2つありますよね。U字なので。

はい。x が -2 と $+2$ のときに $y=4$ を通っています。

これが「**二次方程式には解が2つある**」という説明になっているんです。

……あ！ 本当だ。 そう言われると腑に落ちますね。

ですよね。でも中学数学だと関数は、頂点が原点の単純な曲線しかやらないので、それが伝わりづらいんですよ。
でも中学の代数で扱うボスキャラの二次方程式って $ax^2+bx+c=0$ という形じゃないですか。
ということは「$y=ax^2+bx+c$ の関数で、$y=0$ のときの x を求めなさい」と聞いているのと同じなんです。で、$y=0$ ということはU字の曲線が x 軸と交わる x の値を聞いているのと同じ

ということ。

 答えが2つになるって、想像がつきやすい！

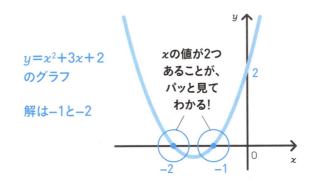

$y=x^2+3x+2$ のグラフ

解は-1と-2

xの値が2つあることが、パッと見てわかる！

 そうでしょ？ **たま～に答えに負の数が入ってくる理由だってビジュアル的にパッと見てわかるし、二次方程式の最高の復習になる**ワケですから。

 これを見ないで途中で数学を諦める人がメチャクチャいそう**……僕みたいに。**

 だからね、中学の解析で二次関数をやるなら、原点からズレた形もセットでやったほうが理解が早いと思うんですよ。

 たしかに。**貯金だって0円からスタートするとは限らない**ですもん。

 ですよね。「何年先までに、何円貯金したい！」って目的があったとき、最初から手持ちのお金があることもあるし、借金がある場合だってある。**現実には、原点からズレた関数を描く機会なんて、山のようにありますからね。**

反比例は「比例の反対」じゃない!?

LESSON 3 時間目 / 4日目

中学数学で習う「反比例」。実はコレ、とてもクセモノの関数なんです。「比例の反対だから、反比例でしょ?」と思っている人も多いのでは? ここでは、反比例の正体を暴きます!

⇨ ちょっと変な関数「反比例」

中学校の解析では反比例も習います。小学校でも比例と反比例は少しやりますが、中学ではグラフと式を使って学び直します。小学校で習う比例はわかりやすいですよね。x と y の比が一定である関係のこと。一次関数の一番シンプルな形である「$y = ax$」の別名が、比例です。グラフが原点を通る直線のことですね。

あぁ、そういう関係なんですね。

そうなんです。ただ、意外と地雷なのが反比例なんです。

え……っ、地雷?

たまに反比例のことを「x が増えると、y が減る関係」と覚えている人がいて、下図のグラフみたいに、右肩下がりの直線で描かれるグラフのことを「反比例」と呼ぶ人がいるんですよ。

 (ドキッ!)

 これも、実は「比例」なんです。「正の比例」に対して「負の比例」とも言いますけど。じゃあ反比例って何かというと、グラフで描くと右下のような曲線になる。でも、これ二次関数じゃないんですよ。

比例のグラフ

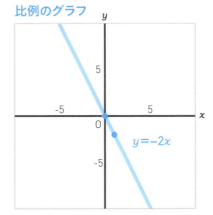

$y=-2x$

 えっ、曲線なのに？ じゃあどんな関係になるんですか？

反比例のグラフ

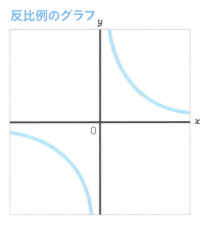

 $y=\dfrac{1}{x}$ です。x が分母にきます。これを反比例と言います。一次関数でも二次関数でもない、**中学で習う「第3の関数」**。一次関数の比例とはまったく違う話なので、間違えないようにしないといけません。

 え〜っ、一次とも二次とも別物？（ヤだなぁ）
……これ、同じく曲線で表される二次関数のグラフと見分けるコツってあるんですか？

いい質問ですね〜。**反比例の場合、x 軸や y 軸を超えそうで超えない**んですよ。
こんな風に。

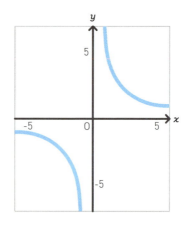

なるほど。**0 のスレスレのところをず〜っとたどる**んですね。

そうそう。
厳密に言うと x も y もいずれは 0 になるということを高校で証明するんですけど、その話は置いておきましょう。
問題なのは反比例というネーミング。**コレ、最悪。**

普通の人は「比例の反対」って聞いてこんな曲線は思い浮かびませんからね。
さっきの右肩下がりの直線のほうを「反比例」って呼んだほうがはるかにわかりやすいはずなんですが、まあね……**つけちゃったものは、仕方がない。**

▶「反比例」はトレードオフの関係にある

反比例って、どんなときに使うんでしたっけ……？

たとえば、ピザをつくるとしましょうか。
話を簡単にするために生地の厚さは同じだとして、500cm^{2}の面積をつくれるだけの生地があるとしましょう。で、長方形のピザをつくりたい。
そのとき、**横の長さを長くしたいなら縦の長さは短くしないといけませんよね？ 生地の量は決まっているので。**

ほぉ〜。**トレードオフの関係**みたい。

今の話を式で表すと、四角形の面積は「縦×横」なので、
「縦×横＝500」という式が成り立ちます。
これを式にすると、こうかけますよね。

〈ピザの縦と横の長さの関係は？〉

横 ＝ $\dfrac{500}{縦}$

4日目 サクッと理解！ 中学数学の「関数」をマスターする!!

つまり分母にある「縦」が大きければ大きいほど、「横」が小さくなる。
こんな形になったときに**「縦と横は反比例の関係にある」**と言います。

なるほど。じゃあ、たとえばA社とB社しか参入していない10億円規模の市場があって、そこでA社がシェアを伸ばしたらB社のシェアが下がるという関係は**反比例じゃない**ということですね。

その通り。
これって式にすると、

> A社売上(x) + B社売上(y)
> = 市場規模（10億円）
> だから、
> $x + y = 10$
> となります。
> これを $y =$ の形にすると
> $y = -x + 10$

つまりこれは**一次関数であり、負の比例**（173ページ上のグラフのような右下がりの傾き）なんです。
「Aが増えたらBが減る」という関係は同じなんですけどね。

文章を書くときに誤用しないように気を付けます……。

むしろ、使ってみたらどうです？ たとえば、エライ社長さんに話を聞くときなんかに **「社長！ それは反比例ではなく、負の比例ですよ……？」** って言えば「ん？ コイツ、やるな……！」って思われるかもしれませんよ。

あるいは、**「うわ、ちょっと面倒くさいヤツ来たわ」** と思われるか……。

確かに、その危険性も否めませんね（笑）。
あ、そうそう。ちなみに、反比例の $\frac{1}{x}$ の x のことを **「逆数」** と呼ぶんですよ。一方が他方の逆数に比例している……という意味。

え!?……逆数。たしかに、そっちのほうがまだ「比例と別物」という感じがして、わかりやすいかも……。
でも、反比例の場合も「x」が入っているからなぁ……。
これ、一次関数とは言えないんですか？

一応、数学的には「マイナス一次関数」という言い方はできますけど、まず言わないですね〜。みんな「逆数」って呼んでいます。
だから、そこはもう、**「第3の関数」** ってことで。

「第3のビール」みたいなもんですね。
はい、受け入れます!!

ちょ、「数学の決まりごと」を受け入れるの早っ（笑）。
ちなみに $\frac{1}{x}$ っていうのは高校数学では x^{-1} って書くんですけど、**「割り算はマイナスで書く」** というただの決まりごとです。

177

教授のつぶやき
自然界は二次関数であふれている

　二次関数の放物線の曲線って、実は日常生活と密接に関係しているのを知っていましたか？

　たとえば今、手に持っている消しゴムをポーンと放り投げますよね。そのときの軌道って逆U字の放物線（二次関数）で表せるんです。つまり自然界は二次関数であふれているということ。

　ちなみに野球のピッチャーが投げる球筋がグーッと曲がったりするのは、二次関数で表せるボールの放物線に空気抵抗やボールの回転が加わって軌道が変わっているからです。

　もし空気抵抗もボールの回転もない環境なら、純粋な二次関数でどこに球が来るか計算できます。必ずU字のピークに対して左右対称になるんですね。それを証明したのが天才科学者、ニュートン。

　人工衛星とかロケットの発射、軍事ミサイルもそう。どの角度で打てばどこに落ちるかというのは、全部、放物線の計算によるものなんです。

　ちなみに、パラボラアンテナの「parabola」って「放物線」って意味なんですよ。

　あのアンテナの丸みはまさに二次関数でつくられたもの。

　光はものに当たると反射しますが、放物線の場合は「どこから反射しても必ず1点に集まる」という感動的な定理があります。だからその1点がどこかを計算して電波の受信機を置くことで、より確実に電波をキャッチできる仕組みなんですね。

5日目

余裕で！中学数学の「図形」をマスターする!!

Nishinari LABO

「三角形」と「丸」がわかれば図形はクリア♪

5日目 / LESSON 1時間目

中学数学の最後を飾るのは、「幾何(図形)」。直感的に理解しやすく、現実社会の問題解決ともつながりやすい分野です。

⇨ 世の中は三角形と円であふれている

残すところは幾何だけですね。図形は決まりごとをいくつか覚えるだけですし、目に見える世界なので、**ちょっとだけコツを覚えれば、全然難しくありません。**
さて。幾何って数学の3大概念の中でたぶん一番古いものなんじゃないかという話はしましたよね。

「測りたい!」という思いからスタートした話ですね。

そう。形に関するいろんな性質を勉強するのが幾何なんですが、**特に大事なのは「三角形」と「丸」**です。

三角形と丸……??? なぜですか?

結局、物の形の最小単位って「点」で、点と点を結ぶと「線」になりますよね。その線が3本あれば「面」をつくれますよね。

 はい。

 つまり、**面の最小単位って三角形**なんですよ。どんな多角形でも三角形の組み合わせでつくれますし。

 あー……そう言えばCG（コンピューターグラフィックス）で使うポリゴンって三角形でしたっけ？

 そうそう！ 四角形とか多角形もありますけど、基本は最小単位の三角形の組み合わせで立体的なキャラクターを描写しています。そうしないと面がつくれないから。だから幾何を学ぶときに、**三角形の性質を理解しておくことは超重要**で、それゆえ中学数学の図形の問題ってやたらと三角形が多いんですよ。

 そういえばそうだったなぁ。ちゃんと理由があるんですね。

 でね、**三角形で一番大事な性質は「直角（90度）」**なんです。

 え？ 直角??? 意外……。

 家にしてもこのホワイトボードにしても紙にしても、世の中直角だらけじゃないですか。直角って結構奥が深いんです。三角形を描くのは誰でもできますけど、直角という概念がないと三角形の性質がよくわからないままになってしまう。

測れないと言うことですか?

 測量への応用もできないし、家も微妙に曲がってしまう。そこに**「直角」という概念があるだけでいろんな法則が見えてくる**んです。
その法則の中で一番重要なのが、「ピタゴラスの定理」。
これが**中学数学で扱う幾何のラスボス**です。

この人

ピタゴラス
(紀元前 582- 紀元前 496)

あと、「丸」も超大事です。井戸にしろ、丸い柱にしろ、筒にしろ、昔から世の中には丸いものがあふれています。
このように、**三角形と丸は図形の基本だから、その性質をちゃんと勉強しましょうというのが中学数学の目標**です。

> 猫のおうちをつくるため、
> ピタゴラスに助けてもらおう!

 猫ちゃんにまたご登場いただき、問題をやってみましょう。
説明をわかりやすくするために記号を使いながらやりますね。
まず 60cm の高さの壁がすでに立っていたとしましょう。
この壁のことを壁 a と呼ぶとして、壁 a を活用して、猫のために横から見て直角三角形になるような部屋をつくろうと思いま

す。そのためには、床 b と雨よけひさしの c が必要になると。

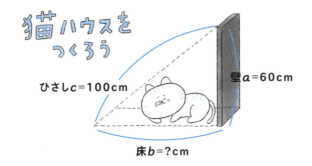

またしても猫……!?

そう、世界一可愛い愛猫のためです。
さて、壁 a に対して直角に敷く床 b が必要ですが、長さはまだわかりません。そして斜めのひさし c も立てる必要があります。

はい。

じゃあ、ここで、ひさし c の材料として100cmの長さの板がすでにあって、それをそのまま使って部屋をつくるとき、床 b の長さはどれくらいにすればいいでしょう?

解き方、昔やったような……忘れました（笑）。

これが解けたら、三角形のラスボスを攻略したことになります。
ここでのポイントは、何度も言うように**「直角三角形」**ということ。
もし壁 a と床 b が直角ではない角度で接していると、高校で習う三角関数を使わなければならず、急に計算が面倒になります。

直角三角形のときに使うのが「ピタゴラスの定理」なんですね。

結論から言いますね。こうやって**直角三角形があるとき**、「**一番長い辺の2乗は、残りの辺の2乗の和**」になります。
これが**「三平方の定理」**、別名**「ピタゴラスの定理」**です。
今回の三角形だと一番長い辺はどう見てもひさし c ですよね。ですから式で書くと「$a^2+b^2=c^2$」という関係が成り立つ、ということです。

あとは数を代入すればいい？

そうです。a は60cmで c は100cmですから $60^2+b^2=100^2$ になる。

お、すでに倒した二次方程式じゃないですか。

そうなんです。式見ても、大丈夫でしょ？ 地味な代数をがんばってよかったな〜と思える瞬間です（笑）。
これを計算すると……

$$3600 + b^2 = 10000$$
$$b^2 = 10000 - 3600$$
$$b^2 = 6400$$
$$b = \pm\sqrt{6400} = \pm 80 \text{（複号同順）}$$
$$b \text{ は正なので答えは } 80\text{cm}。$$

ありニャと♡

床 b の長さは80cmです。

え……もう？ **あっさり倒せましたね。**

紀元前にこれを見つけたとき、ピタゴラスはきっと**「うぉーっ！ すごいことを見つけたぞー！」って言って街中を走り回ったはず**です（笑）。こうもシンプルでこんなに便利な定理って、なかなかないですから。

超便利な武器かぁ……。直角三角形って、物づくりをしている人なら日常的に接するんでしょうか。

はい、図形というのはそれだけ現実の生活に密接しているということですよ。

紙の上で直角を描くだけならノートとか筆箱の直角の部分を使ってトレースすればいいですけど、それだと距離が長くなったときに、誤差が大きくなるじゃないですか。

知っているか知らないかだけですけど、結構な違いですね。

でしょう？ ただ、やっぱり**「その公式はいつ使っても、本当に大丈夫なのか？」**ってことを知って初めて安心して使えるワケですから、その証明の仕方は知っておきたいですよね。

ピタゴラスの定理は人類の宝物の1つだと思っているので、せっかくならお伝えしたいなと。

あれ？ いつもの「中学の図形は終わりです！」じゃない……。

残念ですが、むしろこれからが本番です（笑）。
いつ何時(なんどき)もこの方程式が間違っていないことを示すために、直角三角形では**「a^2 と b^2 を足すと c^2 になる」**ことを証明しないとね。

証明なんてできるんですか？

もちろん。それに、二次方程式と解の公式の関係と同じで、**大事なのは公式を覚えることよりも、なぜそうなるのか？ を理解すること。**
さぁ、一緒にピタゴラスの定理を証明していきましょう。

ピタゴラスの定理の証明はたくさんある

「a^2 と b^2 を足すと c^2 になる」ということを証明していきますが、ちなみに3通りの方法で証明します。

え？ そんなに？？？

いやいや、甘い！ 実はピタゴラスの定理の証明の仕方って**1000通りくらい**あるんです（笑）。
マニア向けのサイトもあって、「俺、こんな証明の仕方を見つけたぜ！！！」みたいに投稿して喜んでる。

 うわ〜〜、何ですか、その世界（笑）。
世の中には思考体力を鍛えるのが好きな人たちっているんですねぇ……。

 そうとも言えるし、**ピタゴラスの定理があまりにも美しい（うっとり）**から、みんなが愛着を持っているんですね。
今回はそのピタゴラスの定理を使い、中学の図形の性質もすべて一緒に学べてしまう証明を3つだけご紹介します。

中学の図形は
「三角形」と「丸」で
マスター！

LESSON 2時間目 (5日目)

ピタゴラスの定理の証明①
「組み合わせ」を使ってみよう

世界一美しい定理の1つ、「ピタゴラスの定理」。1つめは、直角三角形を組み合わせた、一番やさしい証明方法を紹介します。

⇨ 組み合わせると見えてくるもの……？

一番簡単な証明から行きましょう。
これは**「組み合わせ」を使うパターン**です。まず、同じ直角三角形を4つ、図のように並べるんです。向きに注意してくださいね。するとなんと、外側が正方形になるんです。

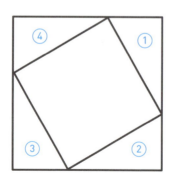

①〜④はすべて
同じ直角三角形。

何で「正方形」だって言えるんですか？

それは正方形の定義が**「四隅がすべて直角で、四辺の長さが同じ四角形のこと」**だから。図を見てください。すべての辺の長さは「$a+b$」でしょう？ 四隅もすべて直角なので、外側の大きな四角形は正方形と言える。

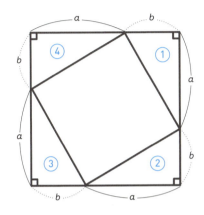

①〜④はすべて同じ
直角三角形なので
外側の四角形の一辺は
$a+b$でみな同じ。

四隅も90度（直角）なので
正方形。

は〜、なるほど。**パズルみたいで面白いですね。**

でしょう？
次に気が付くのが、その大きな正方形の中にある辺 c でできた四角形も、もしかしたら正方形かもしれない……ということ。

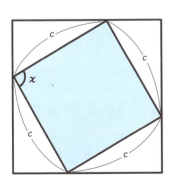

xは直角になる？？？

あ、この色がついている四角形ですね。

 でも、それを証明するためには**図の「x」が直角であることを証明しないといけない**んですけど、ここではとりあえず直角であると仮定しましょう。
するとどんな関係性が見えてくるでしょう……？
「外側の大きな正方形の面積」は、「直角三角形4つ分の面積」と「内側の小さな正方形の面積」を足したものと等しい、ということです。
わかります？

 おおーーーっ。確かに、そうですね！

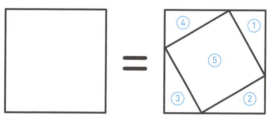

大きな正方形の面積は①〜④の
4つの直角三角形と中の小さな正方形⑤を足したもの

 それを式で書くとこうなります。
外側の正方形の一辺は「$a + b$」なので……

〈外側の正方形の面積の求め方〉

$$(a + b)^2 = 4 \times \left(\frac{ab}{2}\right) + c^2$$

直角三角形の面積×4　　内側の正方形の面積

これを分配法則などを使って代数的に展開していきましょう。

$$a^2 + 2ab + b^2 = 2ab + c^2$$
左辺の $2ab$ と右辺の $2ab$ が消せるので、
$$a^2 + b^2 = c^2$$

じゃん！「ピタゴラスの定理」です。

うわ〜、何だか気持ちいい……。

錯角、同位角、対頂角という3つの武器

じゃあ、先ほど仮定した「x」が直角であるという証明をしないといけないわけですが、その証明をする前に、これからいろいろな場面で使う三角形の角度に関する性質を3つだけ覚えましょう。

3つだけなら……。

ありがとうございます（笑）。
じゃあ、まずシンプルなものから。
こうやって三角形があります。この三角形はどんな形でもよくて、直角三角形である必要はありません。

3つの内角を「ア」と「イ」と「ウ」にしておきましょうか。

まずアの角をつくっている2つの辺をそのまま伸ばします。そのときにできるこの交差の角度も「ア」になるんです。

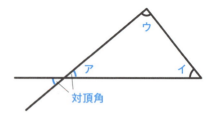

これを**「2つの角は対頂角の関係にある」**という言い方をします。これが1つめの性質**「対頂角」**です。

> **ここが ポイント!〈角度の性質① 対頂角〉**
>
> **交差する2つの直線の、向かい合う角度は同じになる。**

次に、「ア」がある頂点から、その頂点が接していない辺と平行になるように線を引きます。平行って、2つの直線が一生交わらずに横並びになっている状態のことです。

これを「平行線」と呼ぶのですが、図の角度「イ」と「イ'」、角度「ウ」と「ウ'」がそれぞれ等しくなるという性質があるんです。これが2つめの性質で、**「錯角（の関係）」**と言います。

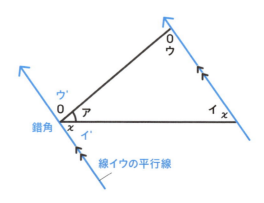

> **ここが ポイント！**〈角度の性質② 錯角〉
>
> **平行線を引くと、錯角が生まれる。**

 ん、錯覚？……これは幻？？？

 そっちじゃなくて、**「錯角」**です（笑）。
最後は、先ほどと同じように角「ア」のある頂点から平行線を引きつつ、対頂角でやったときのように2辺をそのまま伸ばします。このとき、できた角イ"とウ"の角度が角「イ」と角「ウ」とそれぞれ等しくなるんです。これを**「同位角」**と言います。

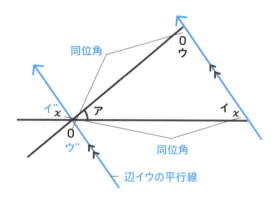

> **ここが ポイント！**〈角度の性質③ 同位角〉
>
> **平行線を引くと、同位角も生まれる。**

 へぇ……何か、同じ三角形がスライドしているように見えますね。

そうそう。同じ直線上にありますし、平行線も描いていますからね。ほぼ明らかだと思いますが、気になる場合はこの3つの性質を証明してみてくださいね。とにかく図形では、イメージが大事です。

イメージだけなら得意です!!

はい、当初の目的を思い出してください（笑）。
「x」が直角かどうかを知りたいんでしたよね？？？

あ、はい……そうでした（忘れてた）。

ここで先ほどの同位角の図に「ウ」の錯角を加えてもらいたいんですけど、すると「ア」と「イ」と「ウ」を足したものが180度になることがわかるんです。
これはどういう意味かというと**「三角形の内角の和は180度」**ということで、実は小学校で習う。それを今証明したんです。

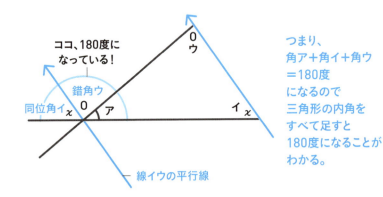

さて、ここで元の図に戻って、直角三角形の内角に「ア」と「イ」という名前をつけていきますね。「ウ」は90度です。するとここで角 x に隣接する角は……、「ア」と「イ」ですね？

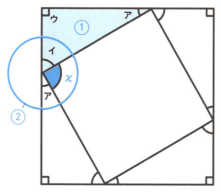

①三角形アイウに注目して
　角ア＋角イ＋角ウ（90度）
　＝180度
　つまり、角ア＋角イ＝90度

②丸で囲った部分に
　注目して
　角ア＋角イ＋x＝180度
　つまり、x＝90度

以上でピタゴラスの定理の証明の1つめが終わりです。
中学数学の図形を扱う上での基本的な道具がそろいました。

そういえば、図形の問題のときはひたすら補助線を描いたなぁ……。同じ角度のところを探しては○とか×とかで印をつけていた記憶がよみがえってきました……。

そう、実際そういうアプローチしかないんですよ。だから、そのやり方で正解です。いろんな記号を付けてマークしていくと、**ほぐれていくんですよ、図形が。**

ああ、そうです。ほぐしている感覚でした、まさに。

コツとしては最初、錯角にザーッと点を打っちゃうといい。次に同位角。最後に対頂角も忘れずに。
そうしたら、解けますから。

ということで**中2までの図形が終わり、さらに中3の図形の一部も終わりました。**

相変わらず早っ！（笑）

COLUMN

私の「理系」エピソード 少年の名は「ピタゴラス君」

LESSON 3 ピタゴラスの定理の証明② 「相似」を使ってみよう

5日目 3時間目

「ピタゴラスの定理」の証明、2つ目は、「相似」を使ったもの。そっくりな形を使い、華麗に証明して行きましょう！

⇨「似ている」にも定義がある

別の証明もやりましょう。
今回使うのは「相似」です。

ソージ……って何でしたっけ？

英語で言うと「similar」です。

ああ、「似ている」って意味ですか。

さすが文学部。数学だと「相似ている」って、な〜んか言い方が古くさいんです（笑）。ただ一般的に言う「似ている」という概念も、基準がないですよね。

確かに。「あの人、芸能人のAさんに似てない？」
「えっ……？ そう？」みたいな。

でも、幾何の相似には定義があって、**「拡大・縮小コピーをとったときにまったく同じ形になるもの」**を相似の関係と言います。

> **ここが ポイント！〈相似〉**
>
> 拡大・縮小コピーしたとき「まったく同じ形」になる図形の関係を相似と言う。

 ふーん……じゃあ、幾何の世界で**「あの人は星野源さんとsimilarだ」**と言ったら、目鼻立ちとか雰囲気が似ているとかではなくて、どこからどう見ても星野源さんなのに**「あれ？ でも星野源ってあんなに小さいっけ……？」**みたいなことになるんですね。

 そういうこと。
たとえば地図に縮尺ってありますよね。何万分の1とか。あれはまさに「相似」。日本の国土と同じサイズの紙に日本の形を描けないから、「しょうがない、縮小して描くか」と言って地図ができたんです。
あるいは、富士山を写生しようとするとき、実物大で描こうとする人はいないでしょう（笑）。シルエットが同じになるようにキャンバスに描きますよね？

 相似って結構、いたるところにあるんですねぇ（感心）。

中学校では、ある対象を真上から見た一番単純な平面の相似だけを扱いますが、本当はいろいろあるんですよ〜。

ミニ三角形を探せ！

 今回はまず大きめの直角三角形を作図します。
ここで相似を使うときには「ミニ三角形」をつくるんです。
相似というのは、**シルエットは同じだけどサイズが違う状態のこと**だと言いましたよね。で、**三角形の場合だと、内角のそれぞれの角度が同じ**だったら相似。

 どうやってつくるんですか……？

 一番簡単な方法は、直角のある頂点から辺 c に対して直角に交わる線を引いちゃえばいいんです。こういう線のことを「垂線」と言います。

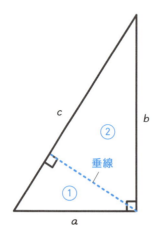

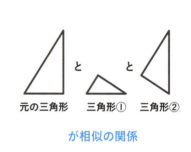

すると垂線によって三角形が2つに分けられて、直角三角形が2個できると思います。

この小さいミニ直角三角形を①、大きいミニ直角三角形を②としておきましょうか。

実は、①も②も、元の直角三角形と相似の関係なんです。つまり、**サイズが違うだけで形状は同じ**。

えー？ またまたぁ。そんなうまい話あります？

嘘みたいですけど本当なんです。

ここからその証明をしていきますね。ちょっとここで記号を足しましょう。辺 *c* を、垂線が接するところを境目にして *d* と *e* という名前で分割しておきます。

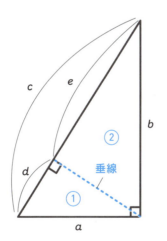

次が少しトリッキーなんですけど、ミニ三角形①と②を反転させたり、回転させたりしながら元の三角形と同じシルエットになるように描き直してみてください。

回転だけなら理解しやすいんですが、1回ひっくり返すので混乱する人が多いんですよ。

ひっくり返して回す……？

 そう。目玉焼きをヘラでひっくり返してから、時計周りでも反時計周りでもいいので回転させるイメージです。
もはや頭の体操ですけど、コツとしては**「直角になる角の位置をそろえること」**と、**「反転させても長さが変わるわけではないので、恐れずにひっくり返すこと」**ですね。

 これ……描き直さないで頭の中でやってもいいんですか？

 いやいや。これは描き直したほうが絶対にいいです。相似が絡んでくる問題でミスをする最大のワナがここで、「ふーん、対応する辺はこれとこれか」みたいに**頭の中でやろうとするとどうしても間違いを犯しやすい**んですよ。

 ここで間違えたら終わりですもんね。

 数学は1個1個、正確性の積み重ねなので、相似が出てきたら、**シルエットが同じになるように描き直すのが基本**。
とりあえずそこが無事できたとしましょう。
ただこれが、本当に相似かどうか判定しないといけません。

判定はどうやってするんですか？

判定は簡単で、**3つの角度が全部一緒だったら相似の関係**なんです。

あ、何かそんなことおっしゃってましたね。

ということで角度を見ていきたいんですけど、図形を「ほぐす」ためにどんどん記号を付けていきます。元の直角三角形の上の角はイ、左の角はアにしましょう。

お気付きかもしれませんが**三角形で「3つの角度が等しい」という相似の条件を満たすには「2つの角度が等しい」だけでいいんです**。

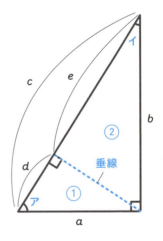

全然お気付きじゃないですけど、言われてみると確かに。内角の和が180度になるからですよね……？

そう。2つの角が等しければ残りは「180度からその2つの角度を引いた値」になるので、**「2つの角が同じ三角形」は相似**になる。

三角形①は「ア」と直角が元の三角形と同じ、三角形②は「イ」と直角が元の三角形と同じですよね。つまり3つの三角形がすべて相似の関係にあると言えるワケです。

なるほど。

 で、相似でもう1つ大事なポイントとして、**角度だけではなく「3つの辺の長さの比も等しくなる」**んですよ。**長さ自体はまちまちですけど、比は同じになる。**

 比って言われるとイメージしにくいんですよねぇ。

 星野源さんと相似の人の話で言えば、もし腕の長さが1.2倍に長くなったら、脚の長さも1.2倍になるということです。

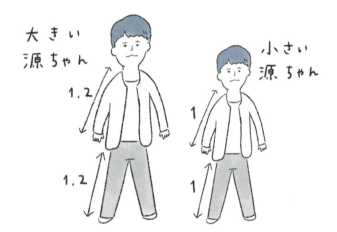

 源ちゃんのおかげで、急にわかりました。

> **ここが ポイント！〈三角形の相似の条件〉**
> ①3つの角が同じ。
> ②3つの辺の長さの比が同じ。
> ③二辺の比と、その間の角も同じ。
> →①〜③のいずれかを満たせば相似と言える。
> ※ちなみに③の条件は本書では紹介しませんでしたが、気になる人は調べてみてください。

元の直角三角形の辺「a」と「c」の比ですが、これは三角形①の辺「d」と「a」の比と同じです。

つまり、「$\dfrac{a}{c} = \dfrac{d}{a}$」の式が成り立つということ。
元の直角三角形の辺「c」と「b」の比は、三角形②の辺「b」と「e」の比と同じですよね。

ということは、「$\dfrac{c}{b} = \dfrac{b}{e}$」の式が成り立ちます。
倍率が同じなんです。これはわかりますか？

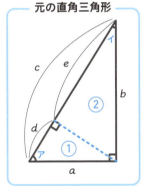

元の直角三角形と三角形①は
相似なので、$a:c=d:a$
つまり
$$\dfrac{a}{c} = \dfrac{d}{a}$$

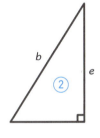

元の直角三角形と三角形②は
相似なので、$c:b=b:e$
つまり
$$\dfrac{c}{b} = \dfrac{b}{e}$$

う〜〜〜〜ん。この式以外にも倍率を示す方法っていろいろあるような……。何でこんなわかりにくい形なんですか？

ああ、確かに混乱しますね……。
今この式を立てたのはあくまでも**ピタゴラスの定理の証明をするための準備**で、昔の誰かが「こういう事実があるよね」と式にしてみた、という話です。すなわち何かを解こうとしている式ではありません。

あ、なるほど。伏線を張っている最中ですね。**途中経過はよくわからなくても、最後には犯人がわかる**、と。

そうそう。ガマンして聞いていただければ、**最後に感動のドンデン返し**が待っています。というワケで、ここからまた強引な式変形をしますが、**最終的に証明ができるためなので**淡々と事実を書いていきますね。

わかりました。

まず、先ほどの $\dfrac{a}{c} = \dfrac{d}{a}$。ここで両辺に「$ac$」を掛けるんです。同じ数を両辺にかければイコールの関係は維持されるので。

$$\dfrac{a}{c} = \dfrac{d}{a}$$

$$\dfrac{a}{c} \times ac = \dfrac{d}{a} \times ac$$

↓同じ ac を両辺にかける

$$a^2 = cd \cdots\cdots ①$$

次に $\dfrac{c}{b} = \dfrac{b}{e}$。これには両辺に「$be$」を掛けます。

$$\dfrac{c}{b} \times be = \dfrac{b}{e} \times be$$

$$b^2 = ce \cdots\cdots ②$$

はい。

次がクライマックスで、すごい発想力なんですけど、この２つの式を足してみるんです。左辺は左辺同士で足し算して、右辺は右辺同士で足し算をすると次のような式になります。

①の左辺と②の左辺、①の右辺と②の右辺をそれぞれ足すと、
$a^2 + b^2 = \underline{ce} + \underline{cd}$

あれ、何かピタゴラスの定理に近づいた気が……。

ですよね！ じゃあ右辺の $cd+ce$ に注目してみると、cd にも ce にも c があるので、これって c で括れますよね。因数分解です。こんな風に。

$$a^2 + b^2 = c(\underline{e+d})$$
これは何だっけ？↑

じゃあここでもう１回、図を見てほしいんですけど、$\underline{e+d}$って何でしたっけ？

……あっ、c だ！

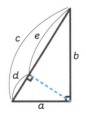

そうなんです。つまり、

$$a^2 + b^2 = c(e+d)$$
↓あ、これってCだ！ってことは、つまり……
$$a^2 + b^2 = c^2$$

$a^2+b^2=c^2$ というピタゴラスの定理が成り立つことが証明できました。

 おおおおおっ！ つながった！

 これ感動的ですよね〜。ということで、相似を使った証明終わり。ついでに相似の概念も覚えちゃいました。

補助線を使い倒そう

 今の証明にしても、結局最初に垂線を引いたのがポイントっぽいですね。垂線を引かなかったらミニ三角形も見えてこなかったしな〜。d とか e という概念も湧かなかったし。

 図形の問題は補助線をどう引くかにかかっている
と言っても過言ではありません。
とりあえず補助線を引いたりわからない長さや角度を文字や記号にしてみて、「あ、こんな式が立てられるかも！」って閃いた人だけが真実に近づける……みたいな。

へぇ～、図形も意外と泥臭い作業が必要なんですね。

そうそう。「**どんな結果になるかわからないけど、とりあえず引いてみっか！**」ってね。**失敗を恐れないチャレンジ精神が大事。**

よく使われる補助線の引き方って、4パターンあるんです。

> **ここが ポイント！〈補助線の引き方〉**
>
> ①垂線を下ろす。
> ②ある辺の二等分線、つまり真ん中に向けて線を引く。
> ③ある角度の半分になるところで線を引く（角の二等分線）。
> ④ある辺と平行な線を引く。
>
>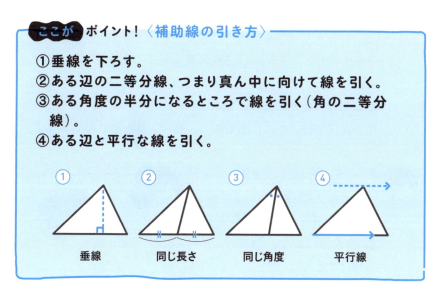

この4パターンの補助線を引きつつ、さっきの対頂角、錯角、同位角をどんどん書き込んでいけば、**だいたい解決の糸口は見えます。**

これ以外の線を引いてもあまり意味はない……？

あとは「**図形と図形が交わる点同士を結ぶこと**」くらいかなぁ。それ以外は「図形の性質」を活かせないから、線を引いても、むしろわからない要素がムダに増えるだけで。

「錯角」や「ピタゴラスの定理」みたいなルールが適用できる図形をどんどん推理していくことが、「ほぐす」ってことかぁ。

▶ 建築・測量に欠かせない相似

ちなみに「相似は大事な概念だ」とおっしゃっていましたが、現実社会ではどんなことで役に立つんですか？

そうですね、たとえば**「三角測量」**という高さを測る方法があるんですけど、あれは大きすぎて直接測れないものを、相似のミニチュア版で測っているんですよ。
たとえば学校の校庭にある木も、巻尺と棒があれば測れます。

ええっ、ヤバイですね……それ。将来「パパすご〜い！」って言われたいので、教えてください。

簡単ですよ。
まず、高さ1mの棒を、木から離れたところに立てます。
次に、這いつくばって、棒のてっぺんと木のてっぺんが重なって見えるよう、前後に自分がずりずり動くんです。そして自分の頭があった位置をマーキングしたら、巻尺とかを使って棒が立っているところまでの距離と、木までの距離を測ります。
仮に棒までが2m。木までが20mだとしましょうか。
あまりに遠いなら歩幅と歩数で計算してもいいでしょう。

この計測結果を、横から見たものを図にするとこうなります。

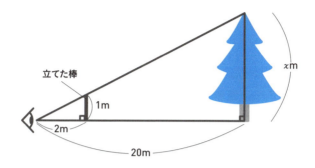

1mの棒と自分の頭でできる三角形と、木と自分の頭でできる三角形が相似ですよね。

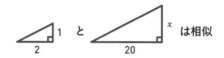

この相似の倍率は 20m ÷ 2m で 10 倍ということ。
つまり、高さに関しては棒の 1m を 10 倍すれば、木の高さになります。
そうすると、木の高さは 1m × 10 ＝ 10m だとわかります。

おお。すごい！ **しかも、意外とシンプル。**

相似ってシンプルなのに、めちゃくちゃ便利なんですよ〜。
ちなみに、天文学や船で航海するときにも使えます♪

LESSON 4 時間目 [5日目]

ピタゴラスの定理の証明③
「円の性質」を使ってみよう

最後を飾るのは、図形でもおなじみの「円」を使ったもの。円の性質を覚えると、図形への理解がぐんと深まります。

⇨ キレイに決まって感動する！「円周角の定理」

 3つめの証明で使うのは「円」です。**証明マニアが見たら「これくるか？」って思うでしょうけど**、中学数学の円の性質も一緒にすべて覚えてしまうためですからね。

 じゃあ、あまり知られていない証明の仕方なんですね。

 実は……**今回のために私が考えた方法なので、知られているかどうかはわかりません（笑）。**

今回は伏線が長いので、円と三角形が絡んでくるときに知っておきたい重要な性質について、2つだけ先に勉強しましょう。
「円周角の定理」 と **「方べきの定理」** です。
それを伝授したあとに、先ほどやったばかりの「相似を使った証明」と似た形で、ピタゴラスの定理を証明していきます。

 長い道のりになりそうですけど、そうやって先に言っていただけると精神的に助かります（笑）。

じゃあ1つめの性質「円周角の定理」から。幾何の中でも、ものすご～く重要かつ便利な概念です。

まず円を描いて、3つの頂点がすべて円周と接するように三角形 ABC を描きます。こんな感じ。ちなみに、こうやって**頂点がすべて円と接していることを「内接」と言います**。

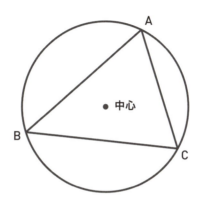

三角形はどんな形でもいいんですか？

どんな形でも構いません。
次に円の中心と、三角形 ABC の2つの頂点 B、C を直線で結びます。補助線を2本引くということです。すると三角形 ABC の中に三角形ができますね（214 ページの上の図）。

これは相似ではなさそうですね。

明らかに角度が違いますよね。実は、「**①中心線のところにできた角は、角 A の 2 倍になる**」んです。これが「**円周角の定理**」の1つめです。

円周角の定理①

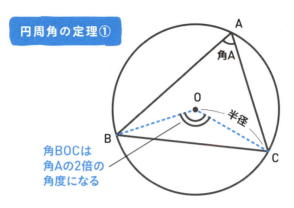

角BOCは
角Aの2倍の
角度になる

 ほーーーー。

 じゃあなぜ2倍になるかを証明してみましょうか。
まず頂点Aから円の中心を突き抜けるように線を描きますね。すると角Aが2つに分けられるのでそれぞれ x、y としましょう。

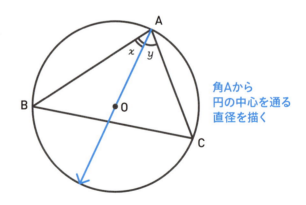

角Aから
円の中心を通る
直径を描く

次がポイントなんですが、円の中心を通るように辺ABと辺ACそれぞれに対して平行線を描きます。とりあえず辺ABの平行線を描きましょうか。すると何が見えてくるでしょう？

あ、横にスライドする同位角が見えました。

すばらしい。図のここは同位角なので x になると。
次は少し気付きにくいんですけど、これって円なので図のこの三角形 OAB って二等辺三角形なんです。

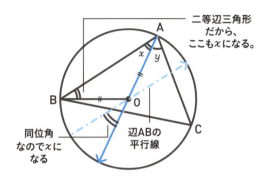

おっ！**なんだかアハ体験です**（笑）。

二等辺三角形の性質は、2 辺の長さが同じだけでなく、2 つの角も等しいんです。だから、ここも x。おっ、錯角が見えてきましたね。

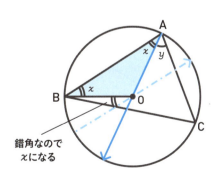

……ホントだ！

錯角なのでここも x になると。つまり $2x$ なので、x の2倍です。

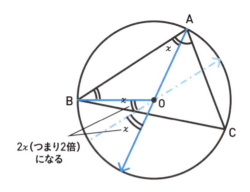

y のほうもまったく同じ手順で進めると、$2y$ になります。

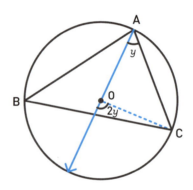

つまり2本の補助線でできた三角形の角は $2(x+y)$。

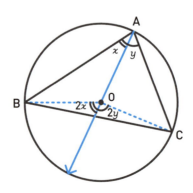

$x+y$ とは角 A の角度ですから、角 A の 2 倍になっている。

パズルみたいにピタッとはまるんですね。

私も初めて見たときは感動しました。ちなみにこの **「円周角の定理」** は中学で習う円の性質で最後に出てくるものなんですが、こうやってみるとそこまで難しくありませんよね。

でも、たとえば円の中心が、円の中に描く三角形より外にあるときでも使えるんですか？

いい質問ですね。使えます。こういう形ですね。

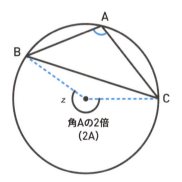

角Aの2倍
（2A）

この形でも円周角の定理は成り立ちますが、気を付けたいのは角 z の場所ですね。

あぁ、確かに狭いほうか広いほうか混乱しますね……。

答えを言うと、**広い（180 度を超える）ほう**です。

う〜ん、なんかしっくりこないんだよなぁ……。

でも、この形でも証明するためにやることはまったく同じで、**円の中心から補助線を引いて、平行線を2本描いて、錯角と同位角を足せば、2倍だとわかりますよ。**

180度以上って、角度としてちょっと認識しづらいけど、同じことするんですねぇ。それなら、わかるかも……。

そうそう。せっかくなのでこの図を使って中2で習う**「円と四角形」**の面白い性質も押さえておきましょう。
今の図にもう一点、円周上に点Dを打って四角形にしますね。角Aの反対側にくる角を角Dと呼びましょうか。

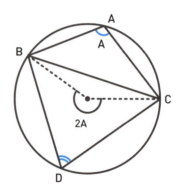

すると円周角の定理によって、中心角の2Aではない狭いほうの角が、角Dの2倍になることはわかりますか？ 先ほど見てきた三角形をひっくり返して見ているようなものなので。

……あ、はい、はい。

ここで円の中心だけ見てほしいんですけど、2Aと2Dを足したものが360度になっていますよね。1周なので。
式で書くと、2A + 2D = 360度。

円周角の定理②

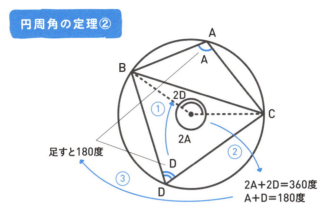

この2が邪魔なので両辺を2で割ると、
A + D = 180度。

……はい。**で、コレどういう意味なんですか？**

「**②円に内接する四角形があったときに、向き合う内角を足すと必ず180度になる**」っていうことなんです。

あ、なるほど〜。幾何って、いろいろ話がつながって面白い!!

あと円に内接する三角形には、次ページのような形もありますよね。三角形が円の中心を通るパターンです。

ひねた生徒が描きそうな図だなぁ（笑）。

そうそう。**まず例外探しから入るヤツ**（笑）。この場合、中心点の角度って180度ですよね。ということは、角Aはその半分ですから90度。つまり直角になるんです、必ず。

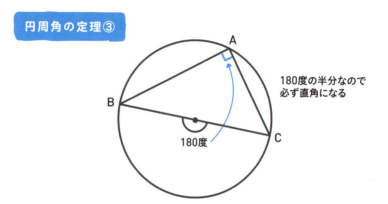

円周角の定理③

これも覚えておきたい定理で「**③円に内接する三角形が円の中心と接する場合、その三角形は必ず直角三角形になる**」という性質がある。こういう素晴らしい定理も円周角の定理の一部に隠されているんです。

 スゲー!!! 円周角の定理って超万能じゃないですか。

 ①〜③の円周角の定理は、しっかり覚えておきましょうね。

> **ここがポイント！〈円周角の定理〉**
>
> ①中心のところにできた角は、角Aの2倍になる（214ページ）。
> ②円に内接する四角形があったときに、向き合う内角を足すと必ず180度になる（219ページ）。
> ③円に内接する三角形の辺が円の中心を通る場合、その三角形は必ず直角三角形になる（220ページ）。

⮕ そっくりな三角形がわかる！「方べきの定理」

 次は円と三角形の2つめの性質を説明しますね。
まず円を描きます。そこに、今度は内接ではなく、2つの頂点は円周上にありますが、3つめの頂点が円を突き出る三角形を描きます。この三角形もどんな形でもいいです。
次に、三角形が円を突き抜けているところに注目して、三角形と円の交点を直線で結んでください。交点は2つあるはずです。

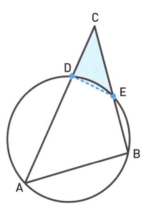

 はい。DとEがあります。あ、**三角形の中にミニ三角形ができましたね。**

 突き出している部分、三角形EDCですよね。その**三角形EDCって、ひっくり返すと実は元の三角形ABCと相似**なんです。だから角についても、図で示した角がそれぞれ同じになります。

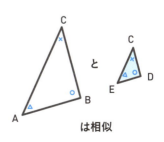

は相似

へーーーー、不思議！

 これが2つめの性質で、**「方べきの定理」**と言います。
先ほどの「円に内接する四角形で向かい合う角の和は180度になる」という話を思い出していただければ、証明は一瞬でできるんですよ。
今回、ミニ三角形をつくるときに補助線を引きましたが、それって実は円に内接する四角形ADEBも描いてますよね。意図せずに。

 あ、そうですね。

 ということは角Bと向かい合う角ADEって、180度から角Bを引いたものですよね（円周角の定理②）？足したら180度になるわけですから。つまり「角ADE＝180度－角B」と表せます（下図の①）。次に、角CDEは何度ですか？

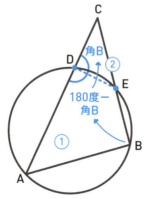

角CDEの角度は？
角CDE＝180度－角ADE
　　　＝180度－（180度－角B）
なので
角CDE＝角B

 んーと、180度から（180度－角B）を引いたものなので、角Bですね（上図の②）。

これで証明終わり（笑）。先ほど三角形の相似の条件として「**2つの角が等しかったら相似**」と言いましたよね。

はい。3つめの角はどうせ同じになるから、ですよね。

そうです。今回、2つの三角形は最初から同じ角を共有しているわけですから、さらに角Bも同じだとしたら相似の関係であると言える、ということですね。

> **ここが ポイント！〈方べきの定理〉**
>
> 2点が円周上にある三角形のもう1点が円の外側にはみ出たとき、元の大きな三角形とはみ出した小さな三角形は相似になる。

➡ 相似を使った証明を見ていこう

以上で円に関する基本的な性質を押さえたので、いよいよ相似を使ったピタゴラスの定理を証明する話に移りたいと思います。

いよいよゴールですね!!

図をもう1回描きましょう。
ここから補助線を引いたり、記号をつけたりしていきます。これは証明のためで、**途中で「何でそういう補助線を引くの？」とあまり悩まないでください**。昔のすごい人がカチャカチャいじっていたら証明できただけの話なので。

わかりました（笑）。

まず、直角三角形 ABC の点 A を中心に半径 b の円を描きます。中心の A を通り、CA を伸ばして円とぶつかった点を D とします。そして B と D を線でつなげます。すると、方べきの定理で使った「2つの頂点が円周上にあって、1つの頂点が円を外側にはみ出した三角形 BCD」ができます。ということは、三角形が円を飛び出すところに補助線を引っ張ると、大きな三角形と円からはみ出たミニ三角形（青い部分）が相似だということです。

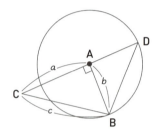 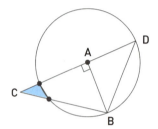

大きな三角形BCDとはみ出した
小さな三角形（青い部分）は相似

ほほう……。

ここから、相似を使った証明でやったように、辺と辺の比が同じになるという特性を活かして式を立てていきたいんです。

……閃きの世界ですね。

完全にそう（笑）。ここからはかなり多段思考力が必要なのでがんばってください。まず最初は辺 a を見ましょうか。**辺 a で円をはみ出るところまでの長さって、実は b なんです。円の半径なので、辺 b と同じなんですね**（P.225 の図の①）。

ということは、**辺 a で円から突き出た長さって「$a-b$」**と表せます（下の図の②）。するとこれでミニ三角形の一辺が記号で表せました。大きな三角形BCDだと辺 c に該当する辺です。わかります？

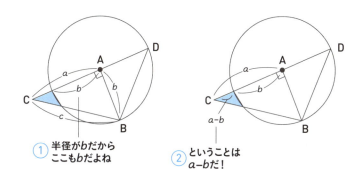

① 半径がbだからここもbだよね

② ということは$a-b$だ！

なるほど、大丈夫です。

これで相似の比が1セットできました。
次に注目するのがミニ三角形と大きな三角形の一番長い辺。大きな三角形から見ていきましょう。この大きな三角形って、辺 a をグッと伸ばしただけなんですけど、伸ばした長さは円の半径分なので、こちらも辺 b と同じ長さなんですね。ということは**大きな三角形の一番長い辺は、$a+b$** と表せます（下の図の③）。

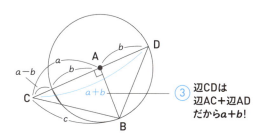

③ 辺CDは辺AC＋辺ADだから$a+b$！

あーー。なるほど！

 少しトリッキーなのがミニ三角形のほうです。まず A から c に垂線を下ろします。そして下ろした点と B との距離を e とします。

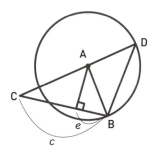

ここで辺 c に集中して欲しいんですが、今ある情報って長さ e だけですよね。ここで補助線の魔法を使ったんですけど、「辺 c が円と交差する点」と「円の中心」を結ぶ補助線を描くんです。すると二等辺三角形が現れるんですよ（下の図の①）。

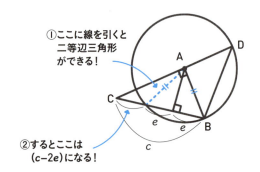

①ここに線を引くと二等辺三角形ができる！

②するとここは $(c-2e)$ になる！

 あ、そうか！ここでも2つの辺が半径 b ですもんね。

すばらしい。
ということはこの二等辺三角形の底辺って e が2つ分になるんです。なぜなら垂線を下ろしているので、底辺が二等分されるはずなんですよ。
つまりミニ三角形の一番長い辺は、辺 c から e 2個分を引いたものなので、「$c-2e$」と書けます（226ページの下の図②）。これで準備が整ったんですが、大丈夫ですね？

そろそろヤバいですが、何とか……。

あと少しでフィニッシュです！ **大小2つの三角形は相似なので、辺の長さの比が同じ**ですよね。つまり抜き出すと、こんな感じ。

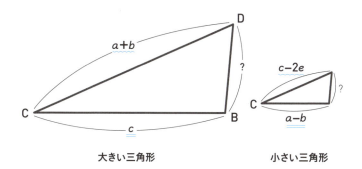

大きい三角形　　　　　小さい三角形

ここに「方べきの定理」を当てはめると、こんな式が成り立ちます。

$$(a+b):c=(c-2e):(a-b)$$
つまり、
$$(a+b)\times(a-b)=c\times(c-2e)$$

するとこういう式変形ができます。

$$a^2 - ab + ab - b^2 = c^2 - 2ce$$
$$\therefore a^2 - b^2 = c^2 - 2ce$$

 ちょっとピタゴラスの顔が見えてきました……!!

 そうでしょ？　でも最後の最後に私が「とりあえず」置いた**「e」が謎です**（笑）。困りましたね。
　ここで元の直角三角形を改めて描き出しましょう。そして相似を思い出してください。いろいろ情報を詰め込んだので忘れているかもしれませんけど、「相似」の最初で説明したのは、こういう**直角三角形で垂線を下ろしたときに、相似な三角形が3つできる**という話（200ページ）でした。

 そうでしたね。（忘れてた……汗）

 ということはこのミニ三角形と元の三角形は相似なので、辺の長さの比も同じになります。どういう比になるかは、改めてミニ三角形を同じシルエットになるようにパタンと裏返してから、回転させればいいんでしたね。
　そうするとミニ三角形の辺 b は元の辺 c、辺 e は元の辺 b に対応するわけです。これを式にすると $\dfrac{c}{b} = \dfrac{b}{e}$ になります。

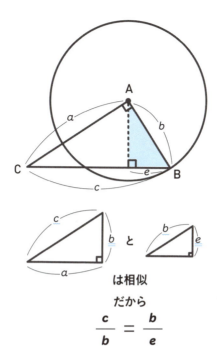

は相似

だから

$$\frac{c}{b} = \frac{b}{e}$$

分母が邪魔くさいので be を両辺にかけると「$ce = b^2$」。今は e が知りたいので、c を右辺に移項すると「$e = \dfrac{b^2}{c}$」ということがわかりました。e の正体がわかったので、e という記号を使わなくてもよくなったワケです。

う……先生、そろそろ目の前がかすんできました……。

あと一歩で山頂です！

もともと「$a^2 - b^2 = c^2 - 2ce$」の e が邪魔だったわけですね。それが、$e = \dfrac{b^2}{c}$ だとわかったので、e に $\dfrac{b^2}{c}$ を代入しましょう。

$$a^2 - b^2 = c^2 - 2ce$$
ここで e に $\frac{b^2}{c}$ を代入する
$$a^2 - b^2 = c^2 - 2c \times \frac{b^2}{c}$$
$$a^2 - b^2 = c^2 - 2b^2$$
$-2b^2$ を左辺に移項すると
$$a^2 + b^2 = c^2$$

ハイ、「ピタゴラスの定理」が証明できましたっ！

ほ、ほんとだあぁぁぁぁ……!!!（感動）

ハイ、これで「ピタゴラスの定理の証明」を3通りやって、同時に**中学3年間の図形が全部終わりました！**

正直、最後は多少目が回りましたけど（笑）、代数と比べると図形のほうがはるかにわかりやすく、パズルを解いているみたいなワクワク感がありましたね〜。

というワケで、**中学数学の代数、解析、幾何のボスをすべて倒しました。中学ご卒業おめでとうございます！**

ありがとうございます!!!!!（号泣）

中学数学を攻略！

5日目 LESSON HR ホームルーム

中学数学のラスボス「二次方程式」、解析のボス「関数」を倒し、最後に幾何の「ピタゴラスの定理」をやっつけたあとに、何が見えてくる……？

ついに感動のフィナーレ？

 ということで中学数学をすべて終えました。お疲れ様でした！

 ありがとうございました！ ちなみに今、私が開成高校とか灘高校とかの過去問を解けって言われたら、解けるものなんですか？（ワクワク）

 さすがに最上位校のレベルになると応用問題ばかりなので、解けるかどうかは正直わかりませんけど、たぶん、今回の授業を理解することができた方なら、過去問を2、3回やれば解けるんじゃないかな。少なくとも、解答を見たらわかるレベルにはなっているはずです。

 閃けるかどうかは別として、意味はわかると。

 そうそう。今回は**最短距離で中学数学をやり直しましたけど、大事なことで省略したことはほとんどない**んですよ。本書の制作に当たって中学の教科書で太字になっている用語を一度ノートに

全部書き出して、必要なものをすべて盛り込むようにしたので。

……ほらね。

※実際に西成先生が書いたメモです。

 ホントだ、すげぇ！ ほとんど終わってる……！

教え方次第では、一気に山頂まで行けるんですよ。
あとは不安なところや苦手そうなところを、必要に応じて重点的にやればいい。

私のような大人からすれば、今回のようにスピーディに「やり直し」をしてもらえると、理解が深まる気がしますね〜。

大人にとっては今回の教え方がベストだと思います。
子どもたちの場合は受験とかもあるので、多少の反復練習は必要でしょうけど、それでも教科書通りに学ぶよりはるかに効率がいいし、テーマがコロコロ変わらないので理解度も増すんじゃないでしょうか。

なるほど。で、時間が余ったら先生みたいに高校の問題を解いたっていいんですもんね。

そうです。最短で理解できたら、もっと前に進みたい人は進めばいい。

ですよね〜〜（ニヤリ）。

え、どうしたんですか（コワイ……）。

いや、実はですね。中学数学だけでも日常生活のあらゆる面で生かせるということは理解したんですけど、**中高の数学の解析のゴールは微積分**だと言っていたじゃないですか。
特に、**「微積分は人類の宝」** と超うっとり顔で絶賛されていたような。

それは間違いありません!!（キッパリ）

 そうしたら、**微積分のさわりだけでも**教えていただけないかなぁ、なんて。
僕の黒歴史がまさに微積分ですし、今回の勢いで高校数学も行けそうな気がしているんです。解けるようにならなくても全然いいので、どれほど便利な道具なのかだけでもわかれば、娘にもドヤ顔で自慢できるなぁと思いまして。

 なるほど、なるほど。
あまり細かいところまで行かず、サラッと説明するだけなら、できなくはない話ですね。

 細かいところに踏み込まなくても、まったく問題ありません！（むしろやめて）

 「むしろやめて」って顔ですね（笑）。
じゃあ、オマケの授業で、高校数学もちゃちゃっとやっちゃいましょうか。

 やったぁ！よろしくお願いします。

6日目

〈特別授業〉
数学の最高峰「微分・積分」を体験してみる!!

LESSON 1 時間目

6日目

小学生でもわかる「微分・積分」

中学数学をすべて学び直した私は、数学アレルギーが悪化した黒歴史である高校数学の「微分・積分」もクリアすべく、今日も西成総研のドアを叩いた。

⇨ トヨタの製造現場の「改善」は微分の考えそのもの!?

今日はリクエストにお応えして、解析のラスボス「微積分」の授業を開こうと思います。

わがままを聞いていただいてありがとうございます。微積分については、本当にトラウマになっていて……。

確かに挫折する人はたくさんいます。でも私、小学生にも微積分を教えてますので、今回の授業はお任せください。

小学生⁉

そう、**計算はさせないですけど、概念はちゃんとわかってもらえます。**

特に大事なのが微分の概念なので、その説明からいきましょう。まず、「解析」と言っても人によってどんなイメージを持つかは違うかもしれないですけど、**数学的に言うと「細かく分けて調べること」**なんです。大雑把に調べるのではなく、細かく分け

たものを調べる。それが微分。

微分の「微」って、微細とか微小の「微」ですもんね。

「わずか」とか「ほのか」という意味です。英語だと micro（ミクロ）。**「微細に分ける」**から**「微分」**なんですね。

で、話は変わりますけど実は私、「日本国際ムダどり学会」という学会の会長もしていて、本業の研究以外に「改善」をライフワークにしているんです。

へーーー。**だから教科書の「ムダ」にも敏感なんですね**（笑）。

まさに！で、日本で「改善」というとトヨタが有名ですよね。

トヨタ式の「KAIZEN」が英語になっているくらいですからね。

そのトヨタが改善のコツとして、「分ければ分かる」というまるで禅問答のような標語を使っていて。
これ、**全体を眺めているだけだと気が付かないことが多いけど、実際に工場で各ラインの人たちがやってる作業を細かく分けて**

いくと、その小さな単位の中ではムダが見えやすくなるという意味。それが全体を改善していく第一歩だと。
だからトヨタの格言は「微分の考え方そのもの」なんです。

⇨ 髪の毛1本で、微分・積分がわかる

それは微分の話だとして、積分とはどう関係するんですか？

積分は**「細かく分けたものを、改めて積み上げて全体に戻す」**ということです。微分とまったく逆のことをします。
ここで普段、小学生に教えている微分積分を再現しましょう。

うう、わかるかなぁ……。

小3の子でも余裕でわかったので、ご安心を（笑）。
まず「髪の毛の長さを測ってみよう！」って始めたんです。
髪の毛って髪質によって違いますけど、それなりに長さがあると、直線でも放物線でもなくてクネクネしてますよね。そのクネクネした形のままセロハンテープで紙に貼ってもらったんです。
**生徒に「先生に1本貸して」
って言ったら、
大ウケでしたけど。（笑）**

ちょ……自虐的（笑）。

鉄板ネタ。で、この状態で子どもたちに定規だけを渡すんです。

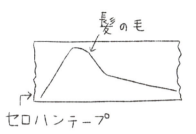

そして「この定規で髪の毛の長さを測ってください」と言うと、「できなーい!」「定規はまっすぐだからムリでーす!」って大騒ぎするんですよ。

でもそこで答えを言わずに、「本当に? よく考えてごらん」としばらく考えさせると、閃く子が出てくる。**細かく分けて測ってみよう!**」と。

あーー、なるほど! 定規がまっすぐなのは変えられないから、まっすぐな定規で測れる範囲で、細かく見ていくってことか。

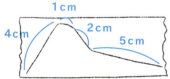

その通り。**その発想を子どもたちが持てたら、私の授業の目的は達成したと言っていい。**
具体的に言えば、髪の毛の端からスタートして、最初の 4cm は直線っぽいな。次は少しカーブがきつくなるので 1cm くらいあててズラす。次は 2cm、次は 5cm かな、みたいにやっていけば髪の毛の大体の長さはわかりますよね？

足すだけですもんね。

そう、簡単。こうやって**細かく分けて計測していく作業が微分で、足す作業が積分**なんです。「**分けたものを積もらせる**」。だから**積分**。

へーー!! 微積分ってそういう意味だったんだ！

➡ 細かく分けるほど、はっきりと見えてくる問題点

難しい言葉を使わなくても、微積分の概念は体感できるでしょう？ 繰り返しますが「**自分でも測れる、扱えるレベルまで分解する**」**という考え方が重要なポイント**なので、高校まで出し惜しみをせずに小学校の授業でも取り入れたらいいと思うんですよ。

そうですね。
娘が大きくなったら、
家でもやってみます。

ぜひ！ 中学数学の話に戻ると、授業で小学生に配った定規というのは実は一次関数そのもので、一番シンプルな道具なワケです。中学では放物線も習うわけで、これでさらにU字に曲がった線を測れるようになる。

これが三次、四次となっていくとさらにグネグネした曲線を一発で測れるようになるわけですが、**微分さえしてしまえば一次でコトが足りてしまう**。

うわ、めちゃくちゃわかりやすいです……！

微積分は、「複雑なものの捉え方」に革命を起こしたんですよ。課題解決の方法を教えてくれたワケで。

つまり、**複雑なものでも細かく分ければ単純になる**。単純になったら計測しやすいし、ムダも見つけやすい。それが終わったらまた足せばいい。それが微積分の本質的な考え方です。

何だか、概念だけでもいろいろ応用できそうですね。

そう。たとえば「サッカーチームを強くする」って課題があったとき、何となくシュート練習をしたり、何となくダッシュを繰り返しても強くなるかどうかわからない。そこは欠点ではないかもしれないから。でも、「まずは守備力を見よう」と守備だけにフォーカスして詳細に眺めていると、いろいろとディフェンダーの欠点が見えてくる。

課題を浮き彫りにしやすい。

そう。「ディフェンダー」という分け方だけでなくもっと細かく、選手1人ひとりに分けてみる。さらにその個人をさまざまな能力に分けて観察するというのが理想ですよね。

「A君の課題はスタミナ不足だから、特別メニューで走りこみもさせよう」みたいな具体的な対策が浮かんできますもんね。

まさに！ **細く分けるほど、話がどんどん具体的になっていくんです。**そして最後に足し算をすればいいんですね。と言っても、実際に数学でやる積分はただの足し算ではないので単純ではないんですけど、概念をつかむことがとにかく大事。

いや、もう目からウロコ落ちまくりですよ。それを知っているかそうでないかで、高校数学の理解度も変わりそうですもんね。**高校生の私に教えてあげたかった……。**

⇨ 微分・積分のニーズって何？

じゃあ微積分って元々は「クネクネした線の長さを測りたい」というニーズから始まったんですか？

それもあったかもしれませんが、実際は「面積」だと思います。髪の毛の話はわかりやすくするために「長さ」しか見ていませんけど、最初は「クネクネした形の面積を知りたい」ということから始まったんじゃないかな。
たとえばクネクネした形の池があったとして「この池の面積は？」と聞かれても「縦×横の計算しか知らねえぞ、俺」ってなるじゃないですか。
じゃあどうやって計算するのか？ これが**ニーズ**です。

ほーーー。

その突破口を開いたのが微分の概念。「細かく分ければいい」と。

たとえば1m²の板をたくさん用意して池に浮かべて「何枚になるか」みたいな。

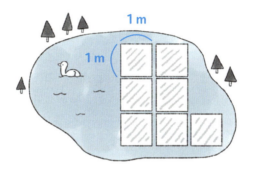

そうそう。もしそれで50枚だったら「面積はだいたい50m²だろう」とわかる。でも、それって正確な数字じゃないですよね。クネクネまがっている肝心なところの面積がわからないから「ここ、ヤバイぞ」って思いますよね。

じゃあ、どうすればいいと思いますか？

う〜〜〜〜ん……。
さらに細かい板を用意する、とか？

**その通り！
めちゃくちゃ冴えてますね。** そう、もっと細かくすればいい。細かければ細かいほど正確になりますから。じゃあその究極は何かと言うと、**「点に見えるぐらいまで小さくしてしまうこと」**。すると、面積はほぼ100％合うと思いませんか？

まあ、理屈ではそうですけど……。

数学って理屈で抽象化された学問なのでそれでOKなんです。微積分のポイントはまさにこの「無限に小さくしてしまう」ところ。それを数学では**「無限小」というワケのわからない言葉を使う**んですけど、「無限小で覆い尽くすといくつになるか？」って考えるんですよ。

僕、さっきまでのんびりした田舎の池を思い描いていたんですけど、今の言葉で一気に現実世界から離れました（笑）。

でも積分で、また現実に帰ってくるんで安心してください。
そもそも**数学って「現実のものをいったんあの世に持って行って、カチャカチャ計算して、また現実世界に戻す」という1つのサイクル**なので。

「あの世」って（笑）。
「無限小」って、そもそも計算できるんですか……？

それがちゃんと計算できちゃうのが微積分のすごさなんです。実際に「無限小」を数えるのは積分の話ですけど、とにかく、ど

んなクネクネした池でも面積がわかる。
だとしたら、測り方を知りたくないですか?

はい！ 40年以上生きてきて、初めて微積分を勉強したいと思いました！

微分の式を見てみよう！

あの……微積分の式ってどんな書き方をするんでしたっけ？

微分は「d」を用いたこんな式を書きます。

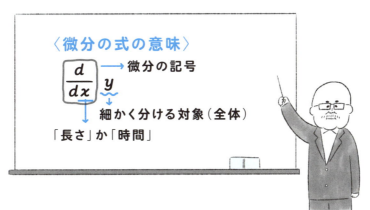

う……、出た!!!

わかりづらいんですが、微分は「$\frac{d}{dx}$」が記号で、y が微分をする対象。y には髪の毛とか池といった「全体」が入ります。

あれ？ ここで出てくる x って何者ですか？

あ、この x は単体で見ないでください。$\frac{d}{dx}$ がセットです。で、この $\frac{d}{dx}$ は、物理で出てくるのはたいていの場合「長さ」か「時間」に関する微分という意味なんです。**つまり、x の意味は「長さ」か「時間」ということ。この表記全体を見たら「全体 y を、長さか時間で細かく分けた結果」だと思ってください。**

じゃあ、株価のチャートを微分するというときは「チャート全体を時間軸で細かく分けた結果」ということだし、髪の毛なら「髪の毛1本を長さで細かく分けた結果」ということですか?

そういうことです。

⇨ 積分の式を見てみよう!

積分は英語の「S」を縦長にしたような独特の記号を使います。

意外とシンプル……。**だけど、どこからどこまでが記号なのかすらも、さっぱり……。**これも y が対象ですか?

そうです。Sが伸びたみたいな記号（インテグラル）と右の dx でサンドイッチされた y が対象です。今度は積分なので、積分の対象となる y には「分けられたもの」が入ります。そして微分と同様に、dx というのは「長さ」か「時間」です。

つまりこの式は「**長さか時間で分けられた y を数えた結果**」という意味になります。

へーーー。
記号じゃなく、言葉で表現されるとわかりやすい！
微分は細かく分けるから、y は「分ける対象（全体）」を表して、積分は集めて足していくから、y には「分けられたもの」が入る……と。
で、$\frac{d}{dx}$ とか dx はたいてい「長さ」か「時間」を表す……。

あと、もう1つ補足すると、積分を表すときにSの右上と右下に a とか b とか書いてあるケースがほとんどなんですよ。
これって、スタート地点とゴール地点を意味します。
下に書くのがスタート地点で、上に書くのがゴール地点です。

▶ 積分の式の意味

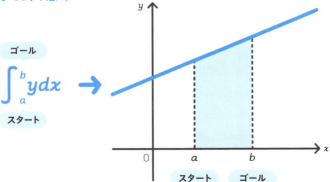

スタート……何のスタートですか？

 統合作業を行っていく「開始地点」です。
たとえば髪の毛の長さを測る場合なら、途中の一部分の長さだけを知りたいケースもあるじゃないですか。

 あ、そうか。株価のチャートだったら直近1週間のデータだけ知りたいとか。

 そうそう。それは「時間」かもしれないし、「長さ」かもしれないけど、その**スタートとゴールを指定できる**んです。

⇨ アルキメデスが見つけた奇跡の法則

 ここで微積分の威力をわかってもらえる、もう少し具体的な話をしましょうか。
あまり深入りしませんから。

せっかく一次関数と放物線を勉強したので、グラフを描きます。
まず、一次関数は直線ですよね。

だからこの直線と x 軸の間にできる三角形の面積を求めたいと思ったら、「**縦×横×$\frac{1}{2}$**」をすればおしまい。
なぜなら縦と横でつくられる長方形の半分だから。

下のグラフなら、「$5 \times 4 \times \dfrac{1}{2} = 10$」。小学生でも解けますよね。

▶ **一次関数の面積は?**

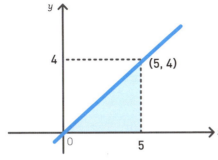

左の1次関数と
x軸の間にできる
三角形の
面積(色のついた部分)は

$5 \times 4 \times \dfrac{1}{2} = 10$

そうですね。

二次関数を描いた放物線はどうでしょうか？ 次ページのようなグラフがあって、曲線の下にできる面積を知りたいときは。

えーっ、クネクネの池の面積の話と同じですね。わからん……。

そうそう。曲線が絡んできて、我々の祖先も大いに悩んだんです。「どうやって求めるの？」って。それが微分積分の最初のモチベーション。
縦もわかる。横もわかる。でも三角形みたいに単純に2で割ってしまうと「ちょっと違うな……」って。

凹んでいる分だけ、小さくなりますもんね……。

その通り！ その感覚をわかっていただけると助かるんですが、2で割れないとなるとどうすればいいか？ 答えは……、
3で割ればいいんです。

▶二次関数の面積は?

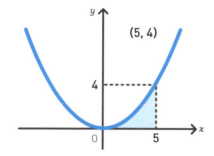

左の二次関数とx軸の間にできる三角形の面積(色の付いた部分)は

$5 \times 4 \times \dfrac{1}{3} = \dfrac{20}{3}$

3で割るだけ!

 えっ……、それだけ？

 衝撃的でしょう？ これが、アルキメデスという知の巨人が教えてくれた人類への知恵。「3で割る」が答え。

 マジっすか……。

 大マジです！ さらに衝撃的な事実があります。**一次関数の三角形では縦×横を2で割りましたよね。二次関数の放物線では3。**そして**三次関数のときは、4で割ればいいんです。**

 おぉぉ。全然知らなかった……。

微分は中学数学で解ける

 で、今のは積分の話でしたが、**この本でやった中学数学の知識で微分は解ける**ので、その方法を駆け足で説明します。

おおー。ついに。私のトラウマが解消できるかも。

 きっとね。じゃあ、$y=x^2$ の単純な放物線で説明しましょう。さて、微分とは「細かく分ける」ということでした。じゃあそもそも微分した結果って何かというと「**変化率**」のことなんです。

 一次関数のとき、やたらと説明に熱が入っていた「**傾き**」ですね。

 そうそう（笑）。図で見ればわかりやすいと思います。この「$y=x^2$」の放物線を、幅 a でめちゃくちゃ細かく短冊状に分けていくのが微分をするということです。

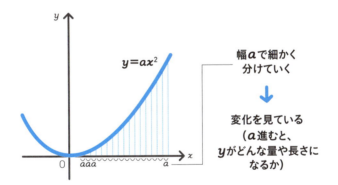

 なるほど、実際に見てみるとわかりやすいですね。

 ただですね、単純に分けるだけではなくて、微分って対象を細かく分けつつも、調べ物をして、それを記録しているんですよ。

 何を記録しているんですか？

「点 x の y の値」と「点 $x+a$ の y の値」の変化率です。つまり、**幅 a のズレに対してどれだけ棒が長くなったか、もしくは短くなったか**。

その変化量って……一定ではないですよね？

一次関数以外は一定ではありません。むしろどんどん変わっていく。でも微分を使えばちゃんと記録できるんです。
そして逆に、そうして記録した変化率を全部統合すれば、最終的な変化量がわかりますよね。それが積分をするということです。

微分で「変化率」を見て、積分で「変化量」を確認する……ここが違うんですね。

そうそう。
それが微分積分の違いを理解する上での重要なポイント。
たとえばある企業の10年前の売り上げがわかっていて、過去10年間の売り上げ伸び率のデータがあれば、直近の売り上げが計算できますよね。

はい、できますね。……じゃあ、大谷翔平のこれまでの打率を積分すればヒット数が出せるということですか？

いや。それだと分けるときの幅が一定じゃないので出せません。4打席ごとの打率とかだったら積分できますけどね。

あーー、なるほど。**イメージがつかめてきた気がします。**

⇨ 微分をサクッと解いてみる

　さあ、では実際に中学数学で、二次関数を微分してみましょう。微分をするということは変化率を調べることだと言いました。

幅 a に対してどれだけ y の値が変わったか。
だからグラフで言うと x が $p+a$ の点の y の値から x が p の点の y の値を引いた部分が実質的に知りたいところです。それがわかればあとは a で割れば変化率が出るので。

じゃあ x が p の点の y の値って何でしょう？
ヒントは、二次関数の式です。

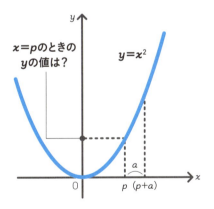

　……あ！「$y=x^2$」だから、y は p^2。

　正解。同じように x が $p+a$ の点の y の値は $(p+a)^2$ です。これが2本の棒の高さです。
その差を求めるには引き算をするだけなので、$(p+a)^2-p^2$。これを式変形していきます。

$$(p+a)^2 - p^2$$
$$= p^2 + 2ap + a^2 - p^2$$
$$= 2ap + a^2$$

すると、こんな形になりました。次に注目してほしいのが a^2 です。細かく分けるのが微分なので、**a という値はものすごく小さい**という前提だった。

そうですね。限りなく小さいんでした。

でね、**限りなく小さいものを2乗すると、さらに小さくなるん**ですよ。たとえば 0.1 を2乗すると 0.01 と小さくなりますよね。
そこで、**「ものすごく小さな数がさらにものすごく小さくなるんだったら、もういいんじゃね？ 消しちゃお」**と考えたのがライプニッツ。「**あまりに小さいならゴミとして捨ててしまえ**」って考えです。

なんか、けっこう雑……いや、大胆ですよね。

そこがライプニッツのすごいところで、個人的に大好きな考え方です。

ただ、a^2 をゴミ扱いするなら a も捨てたくなるんですけど……。

そこはとりあえず残しておきましょう。
理由はすぐにわかります。

すると2本の棒の差は「$2ap$」だということがわかりました。ここで本来の目的である変化「率」を計算したいんですが、幅aに対して$2ap$だけ変化するわけですから、変化率は単純に割り算をすれば出てきます。

〈aから$2ap$への変化率〉
$2ap \div a = 2p$

あ、aが消えた！（笑）

ね？ じゃあ実際にこの$2p$をどう使うかなんですが、そもそも今、微分していた対象って$y=x^2$じゃないですか？

そうでしたね。はい。

これはつまり「関数$y=x^2$を微分すると$2x$になる」ということ。さっきはpという記号を使っていたので変化率は$2p$でしたけど、pはどんな数字でもいいのだから、xでもいいワケで。$x=2$での変化率（傾き）は4、そして$x=3$では6などとなるワケです。

あ、そうか。確かに。

私はこれを「肩の荷（2）が下りる」と言ってるんだけど（笑）、x^2の2が1になる。さらにそこに2をかけたものが、どんな二次関数でも当てはまるんです。

二次が一次になる？

 そう。細かく分けたことで変化は一次になりましたね。三次のものを微分すると二次になります。そういう関係性があるんです。
逆に **$2x$ という変化率を、変化量 x^2 に変換するのが積分**です。そのときは次数が1個増えます。一次から二次に。二次のものなら三次に。

▶微分すると次数が1つ減り、積分すると1つ増える

この辺から先ほど言った「3で割ればいい」という話にもつながって行くんですが、そこに行くまでには「数列の和」という法則を証明しなくてはいけなくて、あと5段くらい思考の階段があるのでここまでにしましょう。

 5段、それは……（もういいかな）。
でも、**微分・積分の雰囲気はつかめました!! 娘に説明できるくらいには！**

 実際に二次方程式の微分の仕方もわかりましたし、**そもそも微積分の最大のハードルって概念をつかむことなので、**これで**「微積分がわかる！」と言える十分な知識が身に付けられた**と思いますよ。

⇨ 中学、高校数学のボスキャラを見事撃破!!

というワケで……高校数学の最大のボスキャラである**「微積分」**のイメージの説明が終わりました〜!

ありがとうございます〜〜〜! **よし、高校も卒業したッ!!**

ご卒業おめでとうございます!
具体的に計算できるようになるにはもう少し授業が必要ですが、**「使えるな〜」「最強っぽいな〜」**ということが伝われば十分かな、と。
特に大人が学び直すなら、「学んだらどうなるか?」「自分の生活に関係するのか?」という効果・効能みたいなものを先に知りたいですもんね。

いやぁ、今回、何より達成感がありましたし、**「とにかく、数字はムリ!!!」**っていう感覚や数式に対するアレルギーは軽減しました。
将来、娘に二次方程式の解き方から微積分の目的まで説明できますもん。

それはすばらしい!!! お教えした甲斐がありました。

これからは僕も文系代表として、同じように数学アレルギーを持つ文系人間に数学の奥深さを伝えます!

ありがとうございました!

おわりに

　ついに禁断の書を出してしまいました……この本はヤバいです。
　まじめに勉強している中学生は、決して見ないでください。
　なぜかと言えば、**最速・最短で中学数学をマスターできてしまう**からです。
　本書は、一度中学・高校で数学に挫折した方、「数学って何の役に立つんだよ、よくわかんないし」と何だかモヤモヤしたまま卒業してしまった方のために制作しました。言わば**「R16 指定」の本**です。

　中学生が**3年もかけず、5～6時間足らずで中学数学をマスターできてしまう**と、教科書をコツコツと勉強する気がなくなってしまいますよね。
　それはマズい。
　何事につけてもそうですが、苦労していろいろ学んだあとに、「実はこのコツだけ押さえておけばよかった！」と気付くことができれば、理解もぐっと深まるものです。

　私は大学生のとき、アインシュタインに憧れて、『一般相対性理論』を始めましたが、あまりの難しさに一度挫折しました。
　そこでたまたま出会ったのが、これもまた超有名なイギリスの物理学者であるディラック先生が書いた一般相対性理論の本です。その本の前書きを本屋で立ち読みして感動しました。
　そこには、
　「この本によれば、学生諸君は最小の時間と労力でもって一般相対性理論のもっともわかりにくいところを突破できる」
　と書いてあったのです。

おわりに

しかも他の分厚い本に比べ、画期的な薄さ！ この本のおかげで私は、最速・最短で理論の核心にたどり着くことができました。

ディラック先生には遠く及びませんが、中学数学なら私は達人の域に到達していると思います（そうでないと大学教授失格ですが……）。

そこで私がディラック先生から受けた感動を、今度は中学数学で渋滞してしまったすべての人に送り届けられればと思い、この本の制作に参加しました。

どこまでその目的を達成できたかはわかりませんが、中学数学を最短でマスターできるよう、自分なりにかなり工夫したつもりです。

私は「渋滞学」という研究分野をつくり、数学をベースにさまざまな渋滞解消の研究を進めています。

学習にも道路のような渋滞がありますが、それは細い道や、坂やカーブのキツイ道路を走っているため、なかなか前に進まない感じに似ています。実はその隣に、より平坦で道幅が広く、そして距離も短いバイパス道路があるのですが、それは普通の地図には載っていません。

ついに本書では、中学数学（と、ちょっぴり高校数学）の「禁断の地図」を示してしまったワケです。

本書で、みなさんの目的地までのドライブをナビゲーションさせていただきましたが、いかがだったでしょうか。少しでもお役に立てれば嬉しく思います。

中学数学はすべての基礎です。私も何かアイデアを考えるときには、今でも中学数学を使っています。その応用範囲は無限です。

みなさんもぜひ、日常生活に数学の知恵をご活用ください。

それではまた会う日まで、さようなら！

2019年初春　　西成 活裕

【著者紹介】
西成 活裕（にしなり・かつひろ）

◉──東京大学先端科学技術研究センター教授。専門は数理物理学、渋滞学。
◉──1967年、東京都生まれ。東京大学工学部卒業、同大大学院工学研究科航空宇宙工学専攻博士課程修了。その後、ドイツのケルン大学理論物理学研究所などを経て現在に至る。
◉──予備校講師のアルバイトをしていた経験から「わかりやすく教えること」を得意とし、中高生から主婦まで幅広い層に数学や物理を教えており、小学生に微積分の概念を理解してもらったこともある。
◉──著書『渋滞学』（新潮社）で講談社科学出版賞などを受賞。ほかに『東大の先生！文系の私に超わかりやすく高校の数学を教えてください！』（小社刊）、『とんでもなく役に立つ数学』『とんでもなくおもしろい 仕事に役立つ数学』（KADOKAWA／角川学芸出版）、『東大人気教授が教える 思考体力を鍛える』（あさ出版）など著書多数。

【聞き手】
郷 和貴（ごう・かずき）

◉──1976年生まれ。自他ともに認める文系人間。数学は中学時代につまずき、高校で本格的に挫折した。育児をしながら、月に1冊本を書くブックライターとして活躍中。

東大の先生！
文系の私に超わかりやすく数学を教えてください！ 〈検印廃止〉

2019年1月21日	第1刷発行
2024年11月7日	第22刷発行

著　者──西成　活裕
発行者──齊藤　龍男
発行所──株式会社かんき出版
　　　　　東京都千代田区麹町4-1-4 西脇ビル　〒102-0083
　　　　　電話　営業部 03(3262)8011代　編集部 03(3262)8012代
　　　　　FAX　03(3234)4421　　　　　振替　00100-2-62304
　　　　　https://www.kanki-pub.co.jp/
印刷所──ベクトル印刷株式会社

乱丁・落丁本はお取り替えいたします。購入した書店名を明記して、小社へお送りください。ただし、古書店で購入された場合は、お取り替えできません。
本書の一部・もしくは全部の無断転載・複製複写、デジタルデータ化、放送、データ配信などをすることは、法律で認められた場合を除いて、著作権の侵害となります。
©Katsuhiro Nishinari 2019 Printed in JAPAN　ISBN978-4-7612-7391-0 C0041